1일 10분

초등 메가 계산력

7권

초등 **4**학년

자기 주도 학습력을 기르는 1일 10분 공부 습관!

☑ 공부가 쉬워지는 힘, 자기 주도 학습력!

자기 주도 학습력은 스스로 학습을 계획하고, 계획한 대로 실행하고, 결과를 평가하는 과정에서 향상됩니다.
이 과정을 매일 반복하여 훈련하다 보면 주체적인 학습이 가능해지며 이는 곧 공부 자신감으로 연결됩니다.

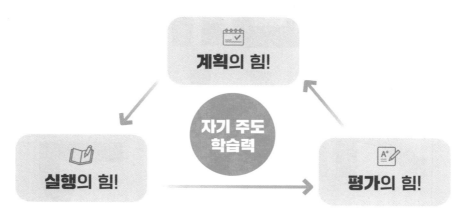

☑ 1일 10분 시리즈의 3단계 학습 로드맵

〈1일 10분〉 시리즈는 계획, 실행, 평가하는 3단계 학습 로드맵으로 자기 주도 학습력을 향상시킵니다.
또한 1일 10분씩 꾸준히 학습할 수 있는 **부담 없는 학습량**으로 매일매일 공부 습관이 형성됩니다.

1단계 학습 계획하기

주 단위로 학습 목표를 확인하고 학습할 날짜를 스스로 계획하는 과정에서 자기 주도 학습력이 향상됩니다.

2단계 학습 실행하기

1일 10분 주 5일 매일 일정 분량 학습으로, 초등 학습의 기초를 탄탄하게 잡는 공부 습관이 형성됩니다.

3단계 결과 평가하기

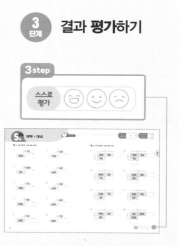

학습을 완료하고 계획대로 실행했는지 스스로 진단하며 성취감과 공부 자신감이 길러집니다.

핵심 개념

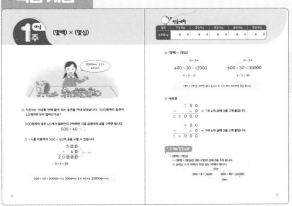

➕ 교과서 개념을 바탕으로 연산 원리를 쉽고 재미있게
이해할 수 있습니다.

연산 연습과 반복

➕ 1일 10분 매일 공부하는 습관으로 연산 실력을
키울 수 있습니다.

연산 응용 학습

➕ 생각하며 푸는 연산으로 계산 원리를 완벽하게
이해할 수 있습니다.

생각 수학

➕ 한 주 동안 공부한 연산을 활용한 문제로
수학적 사고력과 창의력을 키울 수 있습니다.

500원짜리 동전은 40개네!

✅ 지은이는 저금통 안에 들어 있는 동전을 꺼내 보았습니다. 500원짜리 동전이 40개이면 모두 얼마인가요?

500원짜리 동전 40개가 얼마인지 구하려면 다음 곱셈식의 곱을 구하면 됩니다.

$$500 \times 40 = \square$$

5×4를 이용하여 500×40의 곱을 구할 수 있습니다.

$$
\begin{array}{r}
5\,0\,0 \\
\times\quad 4\,0 \\
\hline
2\,0\,0\,0\,0
\end{array}
$$

0이 3개

$5 \times 4 = 20$

$500 \times 40 = 20000$이므로 500원짜리 동전 40개는 20000원이에요.

✅ (몇백)×(몇십)

$$0이 3개$$
$$400 \times 30 = 12000$$
$$4 \times 3 = 12$$

$$0이 3개$$
$$600 \times 50 = 30000$$
$$6 \times 5 = 30$$

(몇)×(몇)을 계산한 값에 곱하는 두 수의 0의 개수만큼 0을 붙여요.

✅ 세로셈

		7	0	0
×			4	0
2	8	0	0	0

➡ 7과 4의 곱에 0을 3개 붙입니다.

		9	0	0
×			6	0
5	4	0	0	0

➡ 9와 6의 곱에 0을 3개 붙입니다.

📓 개념 쏙쏙 노트

- (몇백)×(몇십)
  (1) (몇백)×(몇십)은 (몇)×(몇)의 값에 0을 3개 씁니다.
  (2) 곱하는 수가 10배가 되면 곱도 10배가 됩니다.

$$10배$$
$$300 \times 8 = 2400 \qquad 300 \times 80 = 24000$$
$$10배$$

✏️ 계산해 보세요.

1
```
    2 0 0
×     5 0
```

6
```
      7 0
×   4 0 0
```

11
```
      5 0
×   3 0 0
```

2
```
    8 0 0
×     4 0
```

7
```
    5 0 0
×     5 0
```

12
```
      9 0
×   5 0 0
```

3
```
      5 0
×   4 0 0
```

8
```
    9 0 0
×     6 0
```

13
```
      7 0
×   5 0 0
```

4
```
    8 0 0
×     2 0
```

9
```
      4 0
×   3 0 0
```

14
```
    8 0 0
×     5 0
```

5
```
    9 0 0
×     3 0
```

10
```
    3 0 0
×     2 0
```

15
```
      6 0
×   4 0 0
```

✏️ 계산해 보세요.

16
$$\begin{array}{r} 3\,0\,0 \\ \times \quad 7\,0 \\ \hline \end{array}$$

22
$$\begin{array}{r} 4\,0\,0 \\ \times \quad 4\,0 \\ \hline \end{array}$$

28
$$\begin{array}{r} 6\,0\,0 \\ \times \quad 6\,0 \\ \hline \end{array}$$

17
$$\begin{array}{r} 2\,0\,0 \\ \times \quad 4\,0 \\ \hline \end{array}$$

23
$$\begin{array}{r} 7\,0\,0 \\ \times \quad 9\,0 \\ \hline \end{array}$$

29
$$\begin{array}{r} 2\,0 \\ \times \; 6\,0\,0 \\ \hline \end{array}$$

18
$$\begin{array}{r} 7\,0 \\ \times \; 2\,0\,0 \\ \hline \end{array}$$

24
$$\begin{array}{r} 6\,0\,0 \\ \times \quad 8\,0 \\ \hline \end{array}$$

30
$$\begin{array}{r} 3\,0 \\ \times \; 3\,0\,0 \\ \hline \end{array}$$

19
$$\begin{array}{r} 5\,0 \\ \times \; 7\,0\,0 \\ \hline \end{array}$$

25
$$\begin{array}{r} 8\,0 \\ \times \; 2\,0\,0 \\ \hline \end{array}$$

31
$$\begin{array}{r} 6\,0 \\ \times \; 5\,0\,0 \\ \hline \end{array}$$

20
$$\begin{array}{r} 7\,0\,0 \\ \times \quad 4\,0 \\ \hline \end{array}$$

26
$$\begin{array}{r} 4\,0 \\ \times \; 6\,0\,0 \\ \hline \end{array}$$

32
$$\begin{array}{r} 8\,0 \\ \times \; 9\,0\,0 \\ \hline \end{array}$$

21
$$\begin{array}{r} 7\,0 \\ \times \; 9\,0\,0 \\ \hline \end{array}$$

27
$$\begin{array}{r} 8\,0\,0 \\ \times \quad 7\,0 \\ \hline \end{array}$$

33
$$\begin{array}{r} 9\,0\,0 \\ \times \quad 9\,0 \\ \hline \end{array}$$

도전! 8분!

✏️ 계산해 보세요.

1
```
    4 0 0
×     7 0
```

6
```
    2 0 0
×     9 0
```

11
```
    5 0 0
×     8 0
```

2
```
      4 0
×   6 0 0
```

7
```
      6 0
×   8 0 0
```

12
```
      3 0
×   6 0 0
```

3
```
      2 0
×   8 0 0
```

8
```
      5 0
×   7 0 0
```

13
```
    7 0 0
×     7 0
```

4
```
    2 0 0
×     2 0
```

9
```
    7 0 0
×     6 0
```

14
```
    4 0 0
×     8 0
```

5
```
    3 0 0
×     8 0
```

10
```
    7 0 0
×     9 0
```

15
```
    6 0 0
×     7 0
```

✏️ 계산해 보세요.

16
$$\begin{array}{r} 200 \\ \times\ \ 70 \\ \hline \end{array}$$

22
$$\begin{array}{r} 600 \\ \times\ \ 90 \\ \hline \end{array}$$

28
$$\begin{array}{r} 30 \\ \times\ 700 \\ \hline \end{array}$$

17
$$\begin{array}{r} 300 \\ \times\ \ 40 \\ \hline \end{array}$$

23
$$\begin{array}{r} 900 \\ \times\ \ 20 \\ \hline \end{array}$$

29
$$\begin{array}{r} 50 \\ \times\ 600 \\ \hline \end{array}$$

18
$$\begin{array}{r} 50 \\ \times\ 900 \\ \hline \end{array}$$

24
$$\begin{array}{r} 800 \\ \times\ \ 80 \\ \hline \end{array}$$

30
$$\begin{array}{r} 30 \\ \times\ 500 \\ \hline \end{array}$$

19
$$\begin{array}{r} 40 \\ \times\ 200 \\ \hline \end{array}$$

25
$$\begin{array}{r} 700 \\ \times\ \ 80 \\ \hline \end{array}$$

31
$$\begin{array}{r} 90 \\ \times\ 400 \\ \hline \end{array}$$

20
$$\begin{array}{r} 90 \\ \times\ 800 \\ \hline \end{array}$$

26
$$\begin{array}{r} 40 \\ \times\ 900 \\ \hline \end{array}$$

32
$$\begin{array}{r} 60 \\ \times\ 300 \\ \hline \end{array}$$

21
$$\begin{array}{r} 500 \\ \times\ \ 20 \\ \hline \end{array}$$

27
$$\begin{array}{r} 30 \\ \times\ 400 \\ \hline \end{array}$$

33
$$\begin{array}{r} 70 \\ \times\ 800 \\ \hline \end{array}$$

스스로 평가 😄 ☺ 🙁

도전! 8분!

✏️ 계산해 보세요.

1 400 × 20

5 70 × 200

9 500 × 20

2 60 × 200

6 900 × 20

10 300 × 80

3 90 × 700

7 700 × 60

11 800 × 70

4 80 × 600

8 600 × 30

12 90 × 400

✏️ 계산해 보세요.

13 300×30

14 700×70

15 40×800

16 900×30

17 600×40

18 70×500

19 50×400

20 800×20

21 500×30

22 900×90

23 200×30

24 90×200

25 900×50

26 90×800

27 700×30

28 300×40

29 80×500

30 70×600

31 300×50

32 800×30

33 400×80

1
주

스스로
평가 😄 🙂 🙁

반복 4일 (몇백) × (몇십)

✏️ 계산해 보세요.

1 200×40

5 500×60

9 400×40

2 30×900

6 800×90

10 700×80

3 500×90

7 60×900

11 50×400

4 70×900

8 30×500

12 300×40

✏️ 계산해 보세요.

13 200×50

14 600×50

15 50×300

16 700×50

17 60×200

18 50×900

19 80×200

20 800×50

21 600×60

22 400×90

23 800×20

24 600×90

25 50×500

26 900×90

27 70×400

28 40×700

29 80×300

30 70×800

31 20×300

32 700×60

33 600×80

5일 응용 (몇백) × (몇십)

✏️ 빈 곳에 알맞은 수를 써넣으세요.

1   300 ×70 → ☐

2   20 ×500 → ☐

3   900 ×70 → ☐

4   500 ×80 → ☐

5   400 ×90 → ☐

6   700 ×40 → ☐

7   600 ×40 → ☐

8   400 ×30 → ☐

9   800 ×60 → ☐

10   600 ×70 → ☐

✏️ 빈 곳에 알맞은 수를 써넣으세요.

1주

11

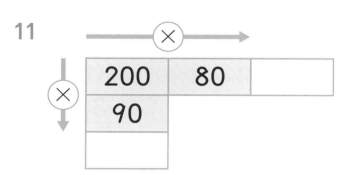

×→		
200	80	
90		

15

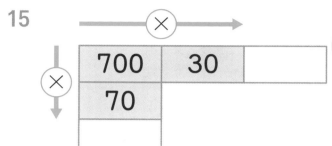

×→		
700	30	
70		

12

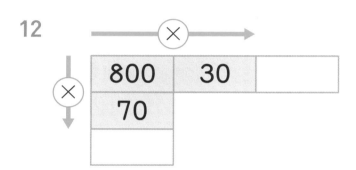

×→		
800	30	
70		

16

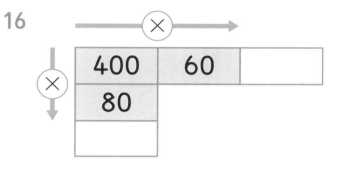

×→		
400	60	
80		

13

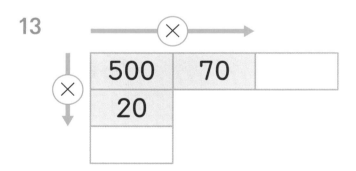

×→		
500	70	
20		

17

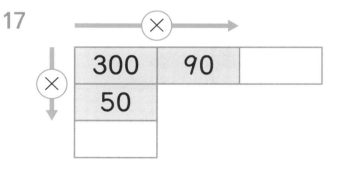

×→		
300	90	
50		

14

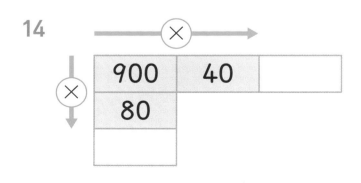

×→		
900	40	
80		

18

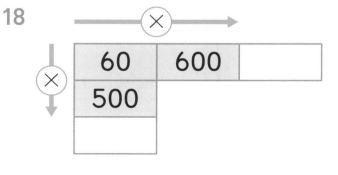

×→		
60	600	
500		

스스로
평가   😄   🙂   😟

15

✏️ 관계있는 것끼리 이어 보세요.

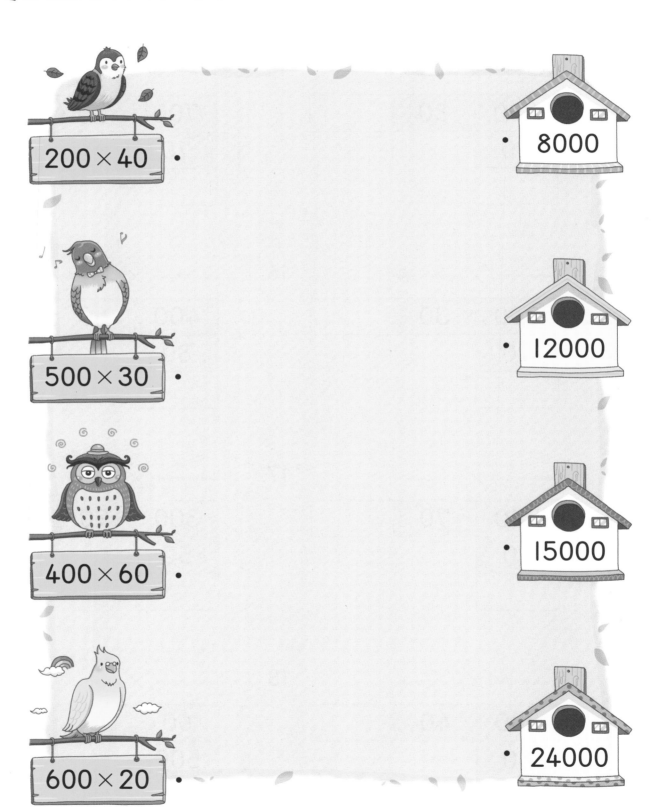

200 × 40 •

500 × 30 •

400 × 60 •

600 × 20 •

• 8000

• 12000

• 15000

• 24000

✏️ 300명이 입장할 수 있는 공연장이 있습니다. 이 공연장에서 하는 인형극 20회의 표가 모두 팔렸다면 인형극을 본 사람은 모두 몇 명인가요?

300명이 입장할 수 있는 공연장에서 20회 공연의 표가 모두 팔렸어요!

그렇다면 이 공연장에서 우리 인형극을 본 사람은 모두 몇 명인 거죠?

 : 이 공연장에서 우리 공연을 본 사람은 모두 ☐☐☐ 명이에요.

(세 자리 수) × (몇십)

☑️ 어느 농장에서 귤을 따서 한 상자에 152개씩 담았습니다. 30상자에 들어 있는 귤은 모두 몇 개인가요?

30상자에 들어 있는 귤의 수를 구하려면 다음 곱셈식의 곱을 구하면 됩니다.

$$152 \times 30 = \square$$

152×30은 152×3의 값을 10배하여 구할 수 있습니다.

	천의 자리	백의 자리	십의 자리	일의 자리	결과
152		1	5	2	152
152×3		4	5	6	456
152×30	4	5	6	0	4560

3배
10배

$152 \times 30 = 4560$이므로 30상자에 들어 있는 귤은 모두 4560개예요.

✅ (세 자리 수) × (몇십) 알아보기

· 135 × 30 계산하기

```
      1  3  5
  ×      3  0
  4  0  5  0
```
0을 내려 쓰기

135 × 3 = 405

0이 1개

$135 \times 30 = 4050$

135 × 3 = 405

0을 1개 쓴 후 (세 자리 수) × (몇)을 계산하여 써요.

✅ 가로셈과 세로셈으로 계산하기

· 182 × 40 계산하기

$182 \times 4 = 728$
$182 \times 40 = 7280$
10배

```
      1  8  2
  ×         4
  7  2  8
```

```
      1  8  2
  ×      4  0
  7  2  8  0
```

10배

곱해지는 수가 같을 때 곱하는 수가 10배가 되면 두 수의 곱도 10배가 돼요.

📒 개념 쏙쏙 노트

· (세 자리 수) × (몇십) 계산하기
 (세 자리 수) × (몇십)은 (세 자리 수) × (몇)에 0을 1개 씁니다.

🖊 계산해 보세요.

1
```
      2 4 3
  ×     2 0
```

6
```
      1 4 4
  ×     2 0
```

11
```
      4 3 3
  ×     5 0
```

2
```
      1 2 3
  ×     3 0
```

7
```
      6 3 7
  ×     9 0
```

12
```
      9 0 7
  ×     7 0
```

3
```
      5 7 1
  ×     6 0
```

8
```
      7 2 5
  ×     4 0
```

13
```
      2 7 1
  ×     3 0
```

4
```
      9 3 7
  ×     4 0
```

9
```
      3 6 9
  ×     8 0
```

14
```
      5 1 2
  ×     5 0
```

5
```
      7 8 2
  ×     6 0
```

10
```
      8 3 5
  ×     7 0
```

15
```
      2 2 7
  ×     9 0
```

계산해 보세요.

16
$$\begin{array}{r} 5\ 1\ 7 \\ \times\ \ \ \ 8\ 0 \\ \hline \end{array}$$

22
$$\begin{array}{r} 8\ 2\ 4 \\ \times\ \ \ \ 5\ 0 \\ \hline \end{array}$$

28
$$\begin{array}{r} 3\ 2\ 7 \\ \times\ \ \ \ 7\ 0 \\ \hline \end{array}$$

17
$$\begin{array}{r} 9\ 2\ 8 \\ \times\ \ \ \ 2\ 0 \\ \hline \end{array}$$

23
$$\begin{array}{r} 1\ 4\ 2 \\ \times\ \ \ \ 6\ 0 \\ \hline \end{array}$$

29
$$\begin{array}{r} 5\ 3\ 4 \\ \times\ \ \ \ 3\ 0 \\ \hline \end{array}$$

18
$$\begin{array}{r} 2\ 8\ 3 \\ \times\ \ \ \ 7\ 0 \\ \hline \end{array}$$

24
$$\begin{array}{r} 6\ 2\ 1 \\ \times\ \ \ \ 8\ 0 \\ \hline \end{array}$$

30
$$\begin{array}{r} 7\ 2\ 4 \\ \times\ \ \ \ 2\ 0 \\ \hline \end{array}$$

19
$$\begin{array}{r} 7\ 5\ 5 \\ \times\ \ \ \ 4\ 0 \\ \hline \end{array}$$

25
$$\begin{array}{r} 4\ 0\ 5 \\ \times\ \ \ \ 6\ 0 \\ \hline \end{array}$$

31
$$\begin{array}{r} 1\ 2\ 1 \\ \times\ \ \ \ 4\ 0 \\ \hline \end{array}$$

20
$$\begin{array}{r} 3\ 1\ 2 \\ \times\ \ \ \ 9\ 0 \\ \hline \end{array}$$

26
$$\begin{array}{r} 9\ 4\ 4 \\ \times\ \ \ \ 3\ 0 \\ \hline \end{array}$$

32
$$\begin{array}{r} 2\ 2\ 9 \\ \times\ \ \ \ 5\ 0 \\ \hline \end{array}$$

21
$$\begin{array}{r} 6\ 3\ 2 \\ \times\ \ \ \ 8\ 0 \\ \hline \end{array}$$

27
$$\begin{array}{r} 4\ 2\ 6 \\ \times\ \ \ \ 7\ 0 \\ \hline \end{array}$$

33
$$\begin{array}{r} 8\ 3\ 7 \\ \times\ \ \ \ 9\ 0 \\ \hline \end{array}$$

스스로 평가

✏️ 계산해 보세요.

1
```
    1 1 4
  ×   3 0
```

6
```
    8 6 5
  ×   2 0
```

11
```
    9 9 7
  ×   6 0
```

2
```
    7 4 5
  ×   9 0
```

7
```
    4 0 2
  ×   5 0
```

12
```
    7 2 2
  ×   2 0
```

3
```
    2 4 7
  ×   6 0
```

8
```
    9 1 7
  ×   3 0
```

13
```
    1 3 6
  ×   5 0
```

4
```
    3 3 2
  ×   4 0
```

9
```
    4 6 4
  ×   7 0
```

14
```
    2 2 4
  ×   4 0
```

5
```
    6 1 9
  ×   7 0
```

10
```
    5 6 3
  ×   8 0
```

15
```
    8 4 2
  ×   9 0
```

✏ 계산해 보세요.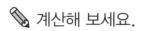

16
```
    5 2 6
  ×   4 0
```

22
```
    6 2 8
  ×   8 0
```

28
```
    3 5 2
  ×   3 0
```

17
```
    7 7 2
  ×   7 0
```

23
```
    8 4 1
  ×   2 0
```

29
```
    1 4 5
  ×   4 0
```

18
```
    3 0 5
  ×   9 0
```

24
```
    4 3 1
  ×   6 0
```

30
```
    9 4 7
  ×   3 0
```

19
```
    9 2 6
  ×   2 0
```

25
```
    2 4 9
  ×   3 0
```

31
```
    6 9 5
  ×   9 0
```

20
```
    4 2 3
  ×   9 0
```

26
```
    8 2 5
  ×   5 0
```

32
```
    7 3 8
  ×   6 0
```

21
```
    6 1 4
  ×   5 0
```

27
```
    1 3 9
  ×   7 0
```

33
```
    5 1 3
  ×   8 0
```

✏️ 계산해 보세요.

1 350 × 30

5 129 × 40

9 358 × 50

2 462 × 20

6 715 × 80

10 640 × 30

3 821 × 60

7 324 × 70

11 442 × 90

4 924 × 70

8 603 × 40

12 815 × 60

✏️ 계산해 보세요.

13 652×50

14 169×30

15 912×60

16 335×40

17 547×70

18 643×60

19 258×50

20 262×80

21 846×90

22 432×40

23 526×20

24 617×60

25 147×30

26 878×80

27 347×70

28 568×50

29 134×70

30 459×90

31 236×30

32 763×40

33 927×20

스스로 평가 😄 🙂 🙁

✏️ 계산해 보세요.

1 362 × 50

2 206 × 30

3 810 × 70

4 517 × 60

5 544 × 20

6 239 × 50

7 182 × 40

8 932 × 80

9 263 × 40

10 635 × 30

11 378 × 90

12 671 × 70

🖊 계산해 보세요.

13 608×50

14 744×20

15 143×30

16 539×80

17 934×50

18 316×60

19 782×40

20 473×80

21 827×60

22 395×70

23 251×40

24 611×20

25 832×90

26 237×30

27 956×50

28 726×70

29 438×90

30 902×60

31 328×30

32 515×80

33 868×40

2주

✏️ 빈 곳에 알맞은 수를 써넣으세요.

1 ─── ⊗ ──→
| 237 | 40 | |

6 ─── ⊗ ──→
| 362 | 30 | |

2 ─── ⊗ ──→
| 724 | 80 | |

7 ─── ⊗ ──→
| 421 | 70 | |

3 ─── ⊗ ──→
| 637 | 20 | |

8 ─── ⊗ ──→
| 258 | 30 | |

4 ─── ⊗ ──→
| 344 | 70 | |

9 ─── ⊗ ──→
| 512 | 50 | |

5 ─── ⊗ ──→
| 803 | 60 | |

10 ─── ⊗ ──→
| 934 | 90 | |

✏️ 빈 곳에 알맞은 수를 써넣으세요.

2주

11
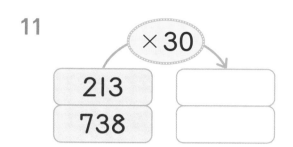
×30
213 →
738 →

15
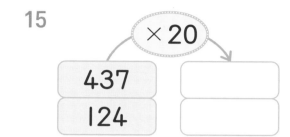
×20
437 →
124 →

12
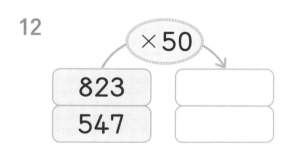
×50
823 →
547 →

16
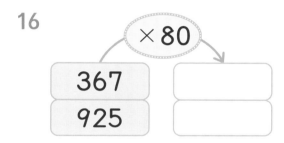
×80
367 →
925 →

13
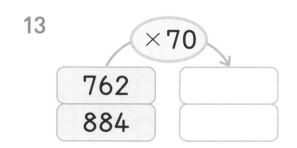
×70
762 →
884 →

17
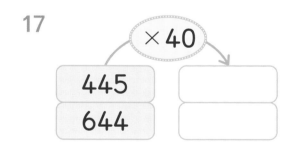
×40
445 →
644 →

14
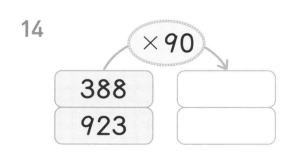
×90
388 →
923 →

18
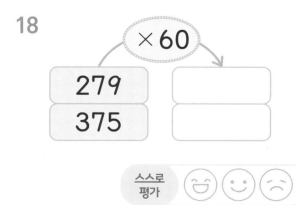
×60
279 →
375 →

스스로 평가 😄 🙂 ☹️

빵집에서 만든 빵을 보고, 각각 모두 몇 g인지 구해 보세요.

120g짜리 피자빵이 20개 있어요.

105g짜리 소보로빵이 30개 있어요.

162g짜리 바게트가 40개 있어요.

🍕 : 120 × 20 = ☐ (g)

🍪 : 105 × ☐ = ☐ (g)

🥖 : ☐ × ☐ = ☐ (g)

✏️ 승준이는 등산을 하다가 망원경으로 구름다리를 보았습니다. 구름다리는 길이가 232 cm 인 철근 60개를 연결한 것일 때, 구름다리의 길이는 몇 cm인가요?

구름다리의 전체 길이 : ☐ × ☐ = ☐ (cm)

3주 개념 (세 자리 수) × (두 자리 수)

✅ 선물 상자 한 개를 포장하는 데 리본 214 cm를 사용합니다. 선물 상자 25개를 포장하는 데 필요한 리본은 몇 cm인가요?

리본이 몇 cm 필요한지 구하려면 다음 곱셈식의 곱을 구하면 됩니다.

$$214 \times 25 = \square$$

214×25의 곱은 214×20의 곱과 214×5의 곱을 더하여 구할 수 있습니다.

$$214 \times 20 = 4280 \qquad 214 \times 5 = 1070$$

$$214 \times 25 = 4280 + 1070 = 5350$$

$214 \times 25 = 5350$이므로 필요한 리본은 5350 cm예요.

학습계획

일차	1일 학습	2일 학습	3일 학습	4일 학습	5일 학습
공부할 날	월 일	월 일	월 일	월 일	월 일

✅ **(세 자리 수)×(두 자리 수)**

· **236×27 계산하기**

$$
\begin{array}{r} 236 \\ \times\ 27 \\ \hline \end{array}
\ \Rightarrow\
\begin{array}{r} 236 \\ \times\ 20 \\ \hline 4720 \end{array}
\ +\
\begin{array}{r} 236 \\ \times\ 7 \\ \hline 1652 \end{array}
\ =\
\begin{array}{r} 236 \\ \times\ 27 \\ \hline 1652 \\ 4720 \\ \hline 6372 \end{array}
\ \Big|\
\begin{array}{r} 236 \\ \times\ 27 \\ \hline 1652 \\ 472 \\ \hline 6372 \end{array}
$$

27은 20과 7의 합입니다.

➡ 236×27은 236×20과 236×7을 각각 구하고 그 값을 더합니다.

· **325×24 계산하기**

$$
\begin{array}{r} 3\ 2\ 5 \\ \times\ \ \ 2\ 4 \\ \hline 1\ 3\ 0\ 0 \\ 6\ 5\ 0\ 0 \\ \hline 7\ 8\ 0\ 0 \end{array}
$$

- 20+4
- 325×4 ← 1300
- 325×20 ← 6500
- 1300+6500

십의 자리를 곱할 때
일의 자리에 0을 쓰지 않고
비워 두어도 돼요.

주의

$$
\begin{array}{r} 1\ 3\ 5 \\ \times\ \ \ 3\ 4 \\ \hline 5\ 4\ 0 \\ 4\ 0\ 5 \\ \hline 9\ 4\ 5 \end{array}\ (\times)
$$

34에서 3은 30을 나타내므로
135×30으로 계산해야 하는데
135×3으로 계산해서 틀렸어요.

📒 **개념 쏙쏙 노트**

· (세 자리 수)×(두 자리 수)

　(세 자리 수)×(몇십)의 값과 (세 자리 수)×(몇)의 값을 더합니다.

도전! 8분!

✏️ 계산해 보세요.

1
```
    3 2 4
  ×   4 2
```

2
```
    4 3 8
  ×   1 5
```

3
```
    3 3 2
  ×   2 4
```

4
```
    4 2 6
  ×   4 8
```

5
```
    2 0 3
  ×   1 6
```

6
```
    6 9 6
  ×   4 4
```

7
```
    9 2 4
  ×   1 8
```

8
```
    3 8 2
  ×   4 9
```

9
```
    5 5 4
  ×   4 1
```

10
```
    8 3 1
  ×   8 6
```

11
```
    6 0 3
  ×   2 8
```

12
```
    1 4 4
  ×   9 3
```

계산해 보세요.

13
```
    3 4 6
  ×   4 7
```

17
```
    1 4 3
  ×   8 6
```

21
```
    2 7 3
  ×   5 3
```

14
```
    4 8 4
  ×   2 6
```

18
```
    3 6 9
  ×   3 2
```

22
```
    5 2 1
  ×   5 7
```

15
```
    7 0 4
  ×   7 3
```

19
```
    6 8 1
  ×   1 1
```

23
```
    4 6 2
  ×   3 8
```

16
```
    2 5 5
  ×   2 1
```

20
```
    2 2 2
  ×   7 8
```

24
```
    7 6 2
  ×   1 9
```

도전! 8분!

✏️ 계산해 보세요.

1
```
    5 2 1
  ×   3 9
```

2
```
    4 3 5
  ×   9 3
```

3
```
    7 1 7
  ×   5 5
```

4
```
    2 9 6
  ×   9 2
```

5
```
    7 9 8
  ×   6 8
```

6
```
    6 0 9
  ×   1 5
```

7
```
    4 5 3
  ×   5 9
```

8
```
    8 6 9
  ×   7 7
```

9
```
    5 4 7
  ×   2 8
```

10
```
    3 1 4
  ×   8 1
```

11
```
    6 5 0
  ×   8 7
```

12
```
    9 2 6
  ×   5 1
```

계산해 보세요.

13
```
    5 8 2
  ×   8 6
```

17
```
    3 8 9
  ×   2 1
```

21
```
    2 7 3
  ×   5 3
```

14
```
    2 2 1
  ×   5 8
```

18
```
    8 4 9
  ×   7 3
```

22
```
    5 2 1
  ×   5 7
```

15
```
    9 6 1
  ×   1 8
```

19
```
    6 8 4
  ×   2 7
```

23
```
    4 2 6
  ×   3 8
```

16
```
    3 4 9
  ×   3 4
```

20
```
    5 7 5
  ×   4 9
```

24
```
    7 6 2
  ×   5 6
```

스스로
평가

✏️ 계산해 보세요.

1 946 × 13

5 264 × 64

9 509 × 86

2 479 × 56

6 326 × 92

10 338 × 35

3 635 × 99

7 148 × 24

11 847 × 77

4 186 × 19

8 811 × 28

12 233 × 45

🖊 계산해 보세요.

13 920×54

14 412×84

15 521×37

16 283×53

17 804×97

18 182×22

19 361×58

20 313×67

21 759×46

22 129×93

23 638×78

24 524×88

25 435×43

26 722×38

27 662×36

28 206×71

29 426×82

30 332×65

31 167×42

32 644×95

33 214×79

✏️ 계산해 보세요.

1 616 × 52

5 485 × 12

9 561 × 75

2 836 × 94

6 707 × 65

10 869 × 25

3 983 × 31

7 245 × 42

11 256 × 45

4 424 × 57

8 611 × 85

12 359 × 94

✏️ 계산해 보세요.

13 325×46

14 723×27

15 442×55

16 924×19

17 224×34

18 643×73

19 522×59

20 544×68

21 808×31

22 652×12

23 701×67

24 530×74

25 857×85

26 375×36

27 407×79

28 636×42

29 912×22

30 369×51

31 412×16

32 936×24

33 731×48

3주

스스로 평가 😄 🙂 😞

✏️ 빈 곳에 두 수의 곱을 써넣으세요.

1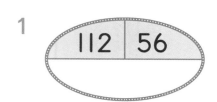
112 | 56

6
414 | 67

2
521 | 23

7
725 | 48

3
54 | 624

8
32 | 238

4
325 | 46

9
12 | 536

5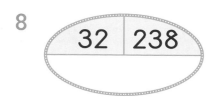
87 | 910

10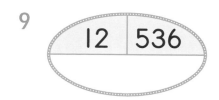
833 | 79

빈 곳에 알맞은 수를 써넣으세요.

11
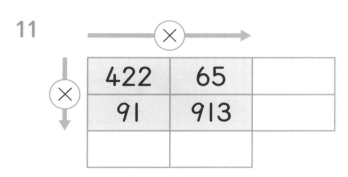

422	65	
91	913	

15

24	247	
511	48	

12
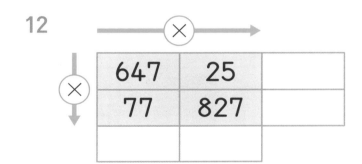

647	25	
77	827	

16
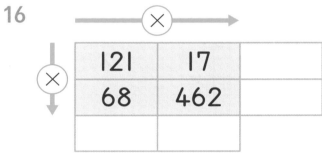

121	17	
68	462	

13
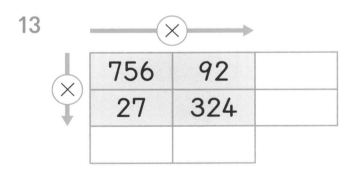

756	92	
27	324	

17
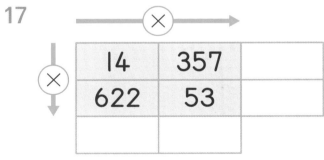

14	357	
622	53	

14
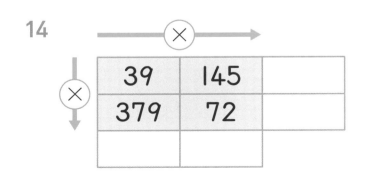

39	145	
379	72	

18
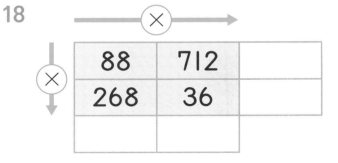

88	712	
268	36	

스스로 평가

43

✏️ 같은 모양의 꽃에 적힌 두 수의 곱을 구해 보세요.

두 조종사가 각각의 비행기로 비행한 거리의 합은 지구 한 바퀴를 도는 거리와 같다고 합니다. 지구 한 바퀴를 도는 거리는 몇 km인가요?

난 그동안 이 비행기로 한 시간에 875 km씩 25시간 비행했어.

난 이 비행기로 한 시간에 910 km씩 20시간을 비행했어.

: $875 \times 25 =$ ☐ (km)

: ☐ $\times$ ☐ $=$ ☐ (km)

➡ 지구 한 바퀴를 도는 거리: ☐ $+$ ☐

$=$ ☐ (km)

(몇백몇십) ÷ (몇십)

☑ 꽃집에 장미가 180송이 있습니다. 20송이씩 묶어 꽃다발 한 개를 만든다면 만들 수 있는 꽃다발은 모두 몇 개가 될까요?

180은 백 모형 1개, 십 모형 8개로 나타낼 수 있습니다.

백 모형을 십 모형 10개로 바꾸면 십 모형은 모두 18개입니다.
십 모형 18개를 2개씩 묶으면 9묶음이 됩니다.
➡ 180 ÷ 20 = 9

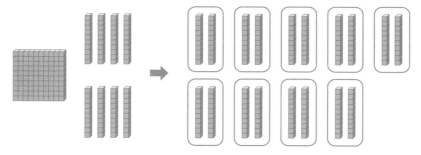

180 ÷ 20 = 9이므로 꽃다발은 모두 9개가 돼요.

일차	1일 학습	2일 학습	3일 학습	4일 학습	5일 학습
공부할 날	월 일	월 일	월 일	월 일	월 일

✅ **(몇백몇십)÷(몇십)**

· 160÷20의 몫과 16÷2의 몫 비교하기

→ 160을 20씩 묶으면 8묶음이에요.

→ 16을 2씩 묶으면 8묶음이에요.

$$160÷20=8 \qquad 16÷2=8$$

➡ 160÷20의 몫과 16÷2의 몫은 같습니다.

· 360÷40 계산하기

가로셈

$$360÷40=9$$

36÷4=9

➡ 360÷40의 몫은 36÷4의 몫과 같습니다.

세로셈

```
           9   ← 몫
4 0 ) 3 6 0
      3 6 0
          0   ← 나머지
```

➡ 360에 40이 9번 포함됩니다.

✅ **계산 결과 확인하기**

나눗셈의 계산 결과가 맞는지 확인하려면 몫에 나누는 수를 곱하여 나누어지는 수가 되는지 확인합니다.

나누어지는 수　　　몫　　　　　　　몫

$$180÷30=6 \quad ➡ \quad 30×6=180 \quad ← 나누어지는 수$$

나누는 수　　　　　　　나누는 수

✏️ 계산해 보세요.

1 $40\overline{)120}$

2 $30\overline{)240}$

3 $50\overline{)100}$

4 $60\overline{)300}$

5 $90\overline{)180}$

6 $70\overline{)420}$

7 $40\overline{)160}$

8 $90\overline{)270}$

9 $70\overline{)560}$

10 $50\overline{)400}$

11 $90\overline{)540}$

12 $60\overline{)240}$

13 $70\overline{)280}$

14 $80\overline{)640}$

15 $60\overline{)360}$

✏️ 계산해 보세요.

16
20)140

22
60)540

28
50)250

17
80)320

23
50)200

29
60)480

18
40)360

24
90)450

30
40)280

19
80)400

25
70)350

31
30)150

20
30)210

26
60)420

32
70)630

21
60)180

27
90)810

33
50)450

✏️ 계산해 보세요.

1

$$20\overline{)120}$$

2

$$80\overline{)160}$$

3

$$30\overline{)150}$$

4

$$70\overline{)560}$$

5

$$60\overline{)240}$$

6

$$90\overline{)270}$$

7

$$70\overline{)210}$$

8

$$80\overline{)640}$$

9

$$50\overline{)350}$$

10

$$90\overline{)450}$$

11

$$80\overline{)320}$$

12

$$40\overline{)160}$$

13

$$50\overline{)250}$$

14

$$60\overline{)480}$$

15

$$70\overline{)630}$$

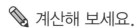 계산해 보세요.

16
$30)\overline{180}$

17
$40)\overline{280}$

18
$60)\overline{540}$

19
$70)\overline{350}$

20
$40)\overline{320}$

21
$60)\overline{300}$

22
$70)\overline{420}$

23
$20)\overline{140}$

24
$50)\overline{450}$

25
$20)\overline{180}$

26
$70)\overline{490}$

27
$90)\overline{360}$

28
$90)\overline{630}$

29
$50)\overline{100}$

30
$40)\overline{200}$

31
$80)\overline{480}$

32
$60)\overline{120}$

33
$80)\overline{560}$

(몇백몇십) ÷ (몇십)

✏️ 계산해 보세요.

1 180÷20

5 140÷70

9 300÷50

2 420÷60

6 720÷90

10 180÷30

3 200÷50

7 200÷40

11 400÷80

4 280÷70

8 560÷80

12 360÷40

4 주

✏️ 계산해 보세요.

13 $300 \div 60$

14 $270 \div 30$

15 $630 \div 90$

16 $210 \div 70$

17 $150 \div 50$

18 $240 \div 60$

19 $720 \div 80$

20 $810 \div 90$

21 $350 \div 50$

22 $160 \div 20$

23 $640 \div 80$

24 $320 \div 40$

25 $120 \div 30$

26 $270 \div 90$

27 $560 \div 70$

28 $160 \div 40$

29 $420 \div 70$

30 $240 \div 30$

31 $250 \div 50$

32 $540 \div 90$

33 $160 \div 80$

✏️ 계산해 보세요.

1 320÷40

5 630÷90

9 480÷60

2 450÷90

6 160÷20

10 560÷80

3 350÷70

7 150÷50

11 210÷30

4 270÷30

8 120÷60

12 240÷40

54

✏️ 계산해 보세요.

13　$140 \div 70$

14　$240 \div 60$

15　$560 \div 70$

16　$300 \div 50$

17　$540 \div 90$

18　$120 \div 30$

19　$640 \div 80$

20　$360 \div 60$

21　$810 \div 90$

22　$100 \div 20$

23　$210 \div 70$

24　$450 \div 50$

25　$180 \div 90$

26　$160 \div 40$

27　$720 \div 80$

28　$320 \div 80$

29　$400 \div 50$

30　$420 \div 70$

31　$140 \div 20$

32　$250 \div 50$

33　$240 \div 80$

✏️ 빈 곳에 알맞은 수를 써넣으세요.

1

```
      ÷20
140 ──────▶ [    ]
```

6

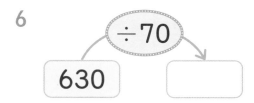

```
      ÷70
630 ──────▶ [    ]
```

2

```
      ÷50
450 ──────▶ [    ]
```

7

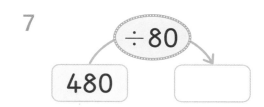

```
      ÷80
480 ──────▶ [    ]
```

3

```
      ÷90
810 ──────▶ [    ]
```

8

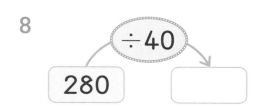

```
      ÷40
280 ──────▶ [    ]
```

4

```
      ÷70
490 ──────▶ [    ]
```

9

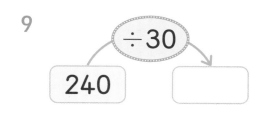

```
      ÷30
240 ──────▶ [    ]
```

5

```
      ÷80
640 ──────▶ [    ]
```

10

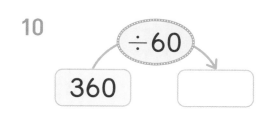

```
      ÷60
360 ──────▶ [    ]
```

✏️ 빈 곳에 알맞은 수를 써넣으세요.

11   180   ÷30

16   420   ÷60

12   320   ÷80

17   560   ÷80

13   210   ÷70

18   240   ÷40

14   350   ÷50

19   720   ÷90

15   360   ÷90

20   540   ÷60

✏️ 관계있는 것끼리 이어 보세요.

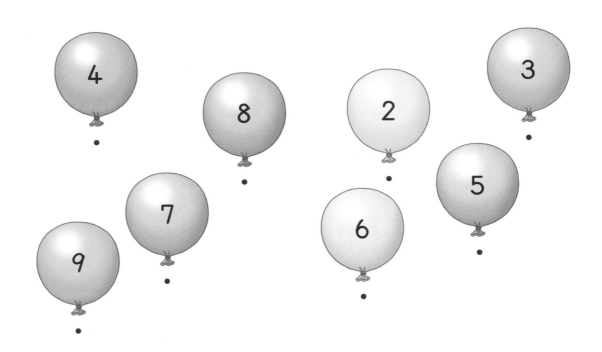

토끼 가족의 집에서 옹달샘까지의 거리는 240 cm입니다. 집에서 옹달샘까지 각각 몇 번 뛰면 도착하는지 구해 보세요.

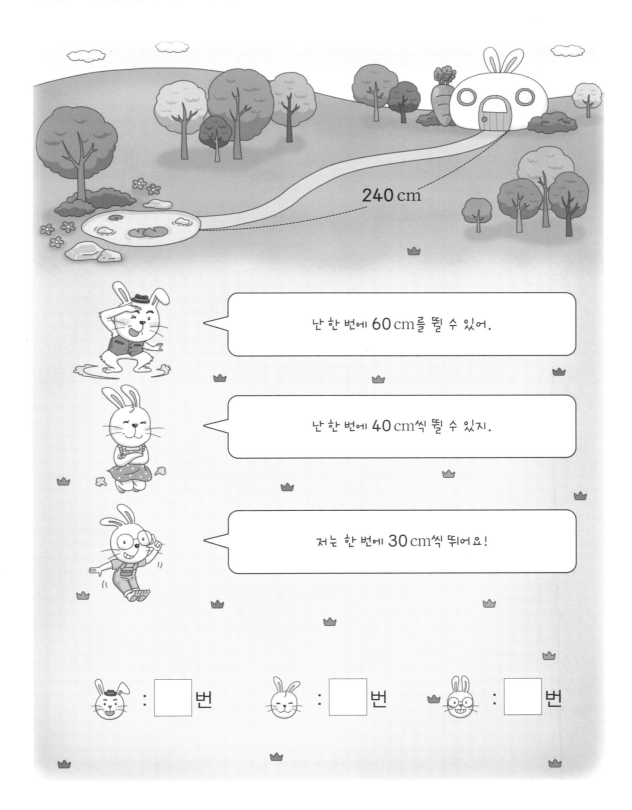

240 cm

난 한 번에 60 cm를 뛸 수 있어.

난 한 번에 40 cm씩 뛸 수 있지.

저는 한 번에 30 cm씩 뛰어요!

🐰 : ☐ 번   🐰 : ☐ 번   🐰 : ☐ 번

(두 자리 수) ÷ (몇십)

✅ 책 94권을 책꽂이 한 칸에 20권씩 꽂으려고 합니다. 책꽂이 몇 칸을 채우고 몇 권이 남을까요?

책꽂이를 채운 책 수와 남은 책 수를 알아봅니다.

책꽂이를 채운 책 수	남은 책 수
$20 \times 2 = 40$	$94 - 40 = 54$
$20 \times 3 = 60$	$94 - 60 = 34$
$20 \times 4 = 80$	$94 - 80 = 14$

남은 책 수에서 20을 뺄 수 있는지 알아보고, 뺄 수 없을 때까지 20을 빼요.

94에서 20씩 4번 덜어 내면 14가 남으므로 94÷20의 몫은 4, 나머지는 14입니다.

➡ $94 \div 20 = 4 \cdots 14$

94÷20=4…14이므로 책꽂이 4칸을 채우고 14권이 남아요.

학습계획

일차	1일 학습	2일 학습	3일 학습	4일 학습	5일 학습
공부할 날	월 일	월 일	월 일	월 일	월 일

✅ (두 자리 수)÷(몇십)

• 수 모형으로 92÷30 알아보기

 ➡

30씩 묶으면 3묶음이 되고 2개가 남아요.

$$92 \div 30 = 3 \cdots 2$$

• 92÷30 계산하기

$$30 \times 1 = 30$$
$$30 \times 2 = 60$$
$$30 \times 3 = 90$$

```
          3  ← 몫
30 ) 9    2
     9    0
          2  ← 나머지
```

나눗셈에서
나머지는 나누는 수보다
항상 작아요.

나눗셈식 92÷30=3…2 ➡ 몫: 3, 나머지: 2

확인 30×3=90, 90+2=92

✅ 세로셈

```
            4
20 ) 8    3
     8    0   ← 20×4
          3   ← 83-80
```

✅ 가로셈

$$68 \div 20 = 3 \cdots 8$$

```
            3
20 ) 6    8
     6    0
          8
```

📝 개념 쏙쏙 노트

• (두 자리 수)÷(몇십)
(나누는 수)×(몫)의 결과가 나누어지는 수보다 크지 않으면서 가장 가까운 수가
되도록 몫을 정합니다.
이때 나머지는 나누는 수보다 항상 작습니다.

✏️ 계산해 보세요.

1
2 0)5 1

6
4 0)8 9

11
2 0)6 5

2
1 0)2 2

7
2 0)7 8

12
3 0)8 7

3
2 0)4 7

8
3 0)6 7

13
5 0)9 6

4
3 0)9 8

9
2 0)4 3

14
3 0)7 4

5
3 0)6 1

10
4 0)8 1

15
2 0)5 2

✎ 계산해 보세요.

16
$20\overline{)59}$

17
$20\overline{)71}$

18
$30\overline{)69}$

19
$20\overline{)86}$

20
$30\overline{)98}$

21
$20\overline{)68}$

22
$30\overline{)64}$

23
$20\overline{)34}$

24
$20\overline{)94}$

25
$30\overline{)72}$

26
$40\overline{)61}$

27
$30\overline{)76}$

28
$20\overline{)57}$

29
$40\overline{)93}$

30
$30\overline{)63}$

31
$20\overline{)85}$

32
$50\overline{)82}$

33
$20\overline{)95}$

5
주

스스로
평가

✏️ 계산해 보세요.

1
$$3\,0\,)\overline{8\,0}$$

2
$$2\,0\,)\overline{5\,5}$$

3
$$2\,0\,)\overline{6\,2}$$

4
$$2\,0\,)\overline{7\,3}$$

5
$$3\,0\,)\overline{9\,7}$$

6
$$1\,0\,)\overline{4\,8}$$

7
$$3\,0\,)\overline{7\,5}$$

8
$$2\,0\,)\overline{9\,1}$$

9
$$2\,0\,)\overline{4\,6}$$

10
$$2\,0\,)\overline{5\,7}$$

11
$$2\,0\,)\overline{8\,8}$$

12
$$3\,0\,)\overline{8\,6}$$

13
$$3\,0\,)\overline{5\,3}$$

14
$$4\,0\,)\overline{8\,6}$$

15
$$5\,0\,)\overline{6\,0}$$

계산해 보세요.

16
$$20 \overline{)68}$$

17
$$20 \overline{)56}$$

18
$$30 \overline{)94}$$

19
$$20 \overline{)81}$$

20
$$50 \overline{)75}$$

21
$$20 \overline{)43}$$

22
$$30 \overline{)96}$$

23
$$40 \overline{)88}$$

24
$$20 \overline{)74}$$

25
$$20 \overline{)54}$$

26
$$20 \overline{)93}$$

27
$$30 \overline{)69}$$

28
$$30 \overline{)82}$$

29
$$30 \overline{)79}$$

30
$$20 \overline{)78}$$

31
$$10 \overline{)83}$$

32
$$30 \overline{)63}$$

33
$$20 \overline{)89}$$

(두 자리 수) ÷ (몇십)

✏️ 계산해 보세요.

1 75÷30

5 56÷20

9 76÷20

2 67÷20

6 92÷30

10 85÷30

3 69÷30

7 78÷30

11 94÷20

4 90÷40

8 83÷40

12 54÷10

✎ 계산해 보세요.

13 $51 \div 20$

14 $74 \div 20$

15 $86 \div 30$

16 $84 \div 20$

17 $92 \div 40$

18 $59 \div 30$

19 $87 \div 40$

20 $94 \div 40$

21 $91 \div 20$

22 $53 \div 20$

23 $89 \div 20$

24 $73 \div 20$

25 $97 \div 30$

26 $82 \div 20$

27 $79 \div 20$

28 $65 \div 30$

29 $81 \div 40$

30 $77 \div 20$

31 $96 \div 10$

32 $62 \div 20$

33 $88 \div 30$

 도전! 15분!

 계산해 보세요.

1 84÷30

5 59÷10

9 42÷10

2 79÷20

6 82÷20

10 95÷20

3 85÷30

7 93÷20

11 64÷30

4 99÷30

8 51÷20

12 77÷30

✏️ 계산해 보세요.

13 $57 \div 20$

14 $47 \div 20$

15 $98 \div 10$

16 $71 \div 30$

17 $64 \div 20$

18 $88 \div 30$

19 $67 \div 20$

20 $87 \div 20$

21 $53 \div 20$

22 $61 \div 30$

23 $84 \div 40$

24 $92 \div 20$

25 $76 \div 10$

26 $86 \div 20$

27 $65 \div 30$

28 $95 \div 40$

29 $72 \div 20$

30 $52 \div 20$

31 $62 \div 30$

32 $97 \div 40$

33 $73 \div 20$

(두 자리 수) ÷ (몇십)

도전! 20분!

✏️ □ 안에 몫을, ◯ 안에 나머지를 써넣으세요.

1
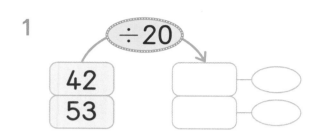

6
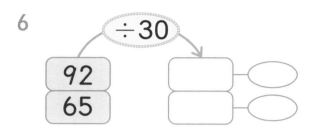

2
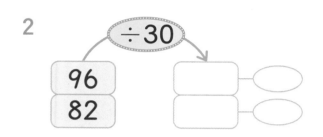

7
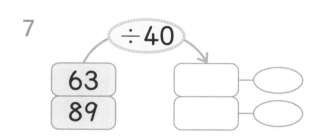

3
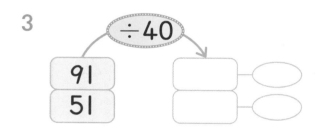

8
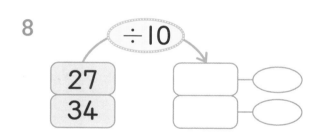

4
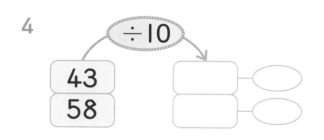

9
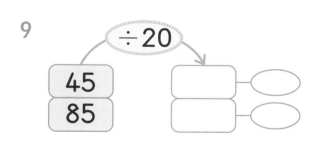

5
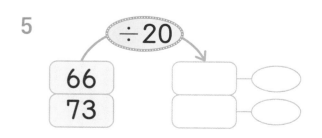

10
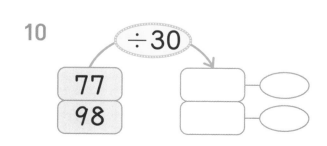

✏️ 가운데 ◇의 수를 바깥 수로 나누어 큰 원의 빈 곳에 몫을, ☐ 안에 나머지를 써넣으세요.

11
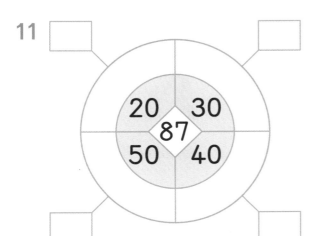

14
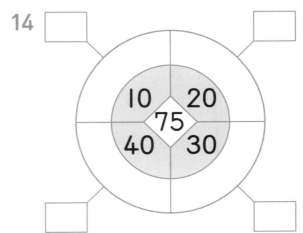

12
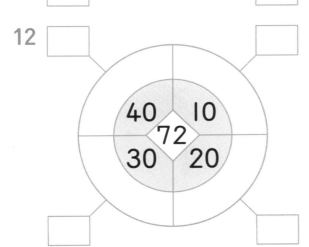

15
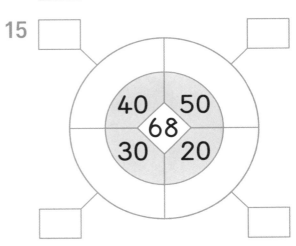

13
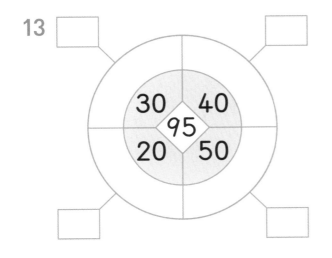

16
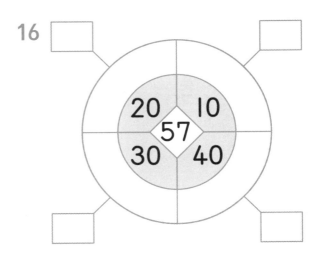

✏️ 네 쌍둥이인 하나, 두리, 세미, 다미가 나눗셈이 쓰여 있는 칠판을 들고 있습니다. 나눗셈의 몫이 나머지보다 작은 아이가 다미일 때, 나눗셈의 몫과 나머지를 차례로 구하고 다미를 찾아 ○표 하세요.

$63 \div 20$

(   )

$81 \div 40$

(   )

$46 \div 20$

(   )

$92 \div 30$

(   )

 몫 : ☐ , 나머지 : ☐

 몫 : ☐ , 나머지 : ☐

 몫 : ☐ , 나머지 : ☐

 몫 : ☐ , 나머지 : ☐

✏️ 보물 상자를 찾고, 보물의 개수를 구해 보세요.

⟨30, 48⟩

• 두 수 중 더 큰 수를 작은 수로 나누세요.
• 몫은 보물 상자의 번호이고, 나머지는 그 상자 안에 들어 있는 보물의 수예요.

□ ÷ □ = □ … □ 이니까…….

아! 보물 상자는 □ 번이고,

그 안에 들어 있는 보물은 □ 개야!

✅ 형준이는 철사 225 cm를 가지고 있습니다. 철사를 40 cm씩 잘라 친구들에게 나누어 준다면 몇 명에게 나누어 주고 몇 cm가 남을까요?

225는 백 모형 2개, 십 모형 2개, 일 모형 5개로 나타낼 수 있습니다.

백 모형을 십 모형 10개로 바꾸면 십 모형 22개와 일 모형 5개가 됩니다.
십 모형을 4개씩 묶으면 5묶음이 되고, 십 모형 2개와 일 모형 5개가 남습니다.
➡ $225 \div 40 = 5 \cdots 25$

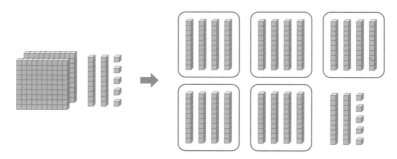

225÷40의 몫은 5, 나머지는 25이므로 5명에게 나누어 주고 25 cm가 남아요.

일차	1일 학습	2일 학습	3일 학습	4일 학습	5일 학습
공부할 날	월 일	월 일	월 일	월 일	월 일

✅ (세 자리 수)÷(몇십)

• 331÷80 계산하기

$$80 \times 2 = 160$$
$$80 \times 3 = 240$$
$$80 \times 4 = 320$$

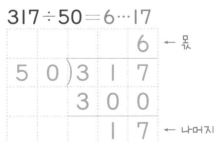

나눗셈식	331÷80=4…11 ➡ 몫: 4, 나머지: 11
확인	80×4=320, 320+11=331

✅ 세로셈

```
          9
3 0 ) 2 7 5
      2 7 0  ← 30×9
          5  ← 275−270
```

275를 270으로 생각하면
270÷30=9이므로 몫은
9로 어림할 수 있어요.

✅ 가로셈

317÷50=6…17

```
              6  ← 몫
5 0 ) 3 1 7
      3 0 0
          1 7  ← 나머지
```

317을 300으로 생각하면
300÷50=6이므로 몫은
6으로 어림할 수 있어요.

📒 개념 쏙쏙 노트

• 계산 결과가 맞는지 확인하기
나누어떨어질 때에는 (나누는 수)×(몫)이 나누어지는 수와 같은지 확인합니다.
나머지가 있을 때에는 (나누는 수)×(몫)의 결과에 나머지를 더한 값이 나누어지는
수와 같은지 확인합니다.

(세 자리 수) ÷ (몇십)

✏️ 계산해 보세요.

1

$$60\overline{)184}$$

2

$$20\overline{)147}$$

3

$$70\overline{)594}$$

4

$$50\overline{)226}$$

5

$$80\overline{)735}$$

6

$$50\overline{)129}$$

7

$$80\overline{)252}$$

8

$$40\overline{)290}$$

9

$$90\overline{)730}$$

10

$$60\overline{)423}$$

11

$$70\overline{)435}$$

12

$$30\overline{)133}$$

13

$$80\overline{)424}$$

14

$$50\overline{)303}$$

15

$$80\overline{)622}$$

✏️ 계산해 보세요.

16
$20)\overline{113}$

17
$60)\overline{152}$

18
$80)\overline{674}$

19
$40)\overline{185}$

20
$50)\overline{393}$

21
$60)\overline{487}$

22
$50)\overline{138}$

23
$90)\overline{513}$

24
$70)\overline{442}$

25
$80)\overline{514}$

26
$30)\overline{195}$

27
$90)\overline{224}$

28
$70)\overline{545}$

29
$40)\overline{309}$

30
$30)\overline{169}$

31
$50)\overline{484}$

32
$70)\overline{603}$

33
$50)\overline{278}$

도전! 15분!

✏️ 계산해 보세요.

1
$$20\overline{)132}$$

6
$$80\overline{)336}$$

11
$$90\overline{)521}$$

2
$$90\overline{)279}$$

7
$$70\overline{)223}$$

12
$$30\overline{)172}$$

3
$$40\overline{)175}$$

8
$$90\overline{)854}$$

13
$$70\overline{)519}$$

4
$$70\overline{)652}$$

9
$$40\overline{)372}$$

14
$$50\overline{)284}$$

5
$$50\overline{)492}$$

10
$$80\overline{)555}$$

15
$$70\overline{)403}$$

계산해 보세요.

16
$80\overline{)291}$

17
$50\overline{)267}$

18
$70\overline{)645}$

19
$30\overline{)184}$

20
$90\overline{)312}$

21
$60\overline{)225}$

22
$70\overline{)288}$

23
$20\overline{)192}$

24
$80\overline{)589}$

25
$50\overline{)214}$

26
$70\overline{)383}$

27
$90\overline{)822}$

28
$90\overline{)580}$

29
$60\overline{)391}$

30
$40\overline{)181}$

31
$80\overline{)355}$

32
$30\overline{)234}$

33
$70\overline{)593}$

도전! 15분!

✏️ 계산해 보세요.

1 119÷20

5 622÷90

9 551÷60

2 234÷90

6 213÷40

10 183÷70

3 382÷40

7 342÷60

11 267÷30

4 291÷70

8 432÷50

12 399÷90

✎ 계산해 보세요.

13 418÷50

14 156÷70

15 345÷60

16 256÷80

17 562÷90

18 232÷30

19 398÷60

20 821÷90

21 136÷20

22 440÷90

23 161÷30

24 298÷70

25 672÷90

26 268÷40

27 451÷60

28 754÷80

29 206÷40

30 195÷80

31 333÷40

32 248÷70

33 157÷20

✏️ 계산해 보세요.

1 154÷60

5 648÷80

9 265÷40

2 701÷90

6 168÷20

10 369÷50

3 327÷40

7 501÷60

11 235÷30

4 210÷80

8 271÷60

12 165÷50

✎ 계산해 보세요.

13 492÷80

14 254÷30

15 433÷60

16 325÷70

17 377÷50

18 532÷70

19 289÷30

20 299÷40

21 464÷50

22 755÷80

23 156÷20

24 663÷80

25 250÷60

26 639÷90

27 488÷90

28 136÷40

29 652÷90

30 861÷90

31 426÷80

32 177÷20

33 252÷40

스스로 평가 😄 ☺ ☹

5일 응용 (세 자리 수) ÷ (몇십)

✏️ □ 안에 몫을, ⭕ 안에 나머지를 써넣으세요.

1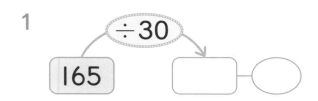

6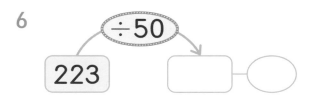

2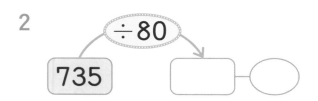

7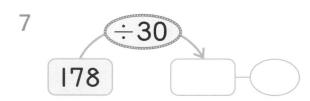

3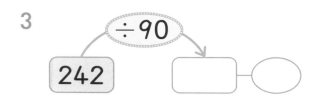

8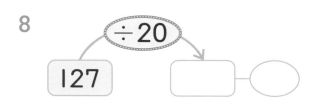

4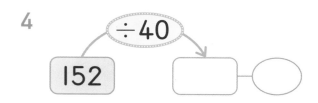

9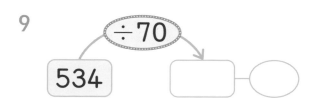

5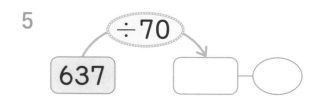

10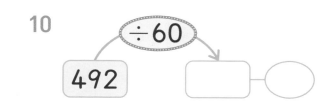

✎ □ 안에 몫을, ◯ 안에 나머지를 써넣으세요.

11
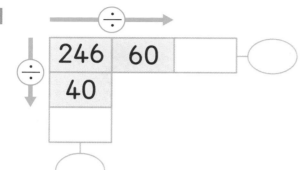

15
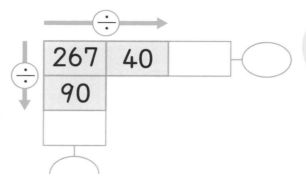

12
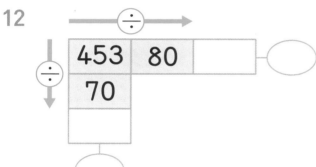

16
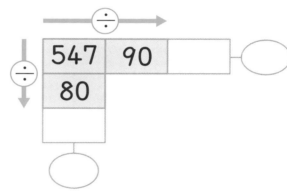

13
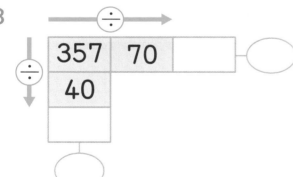

17
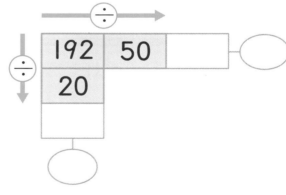

14
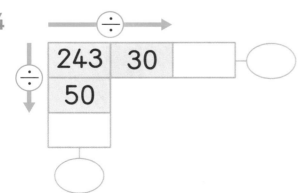

18
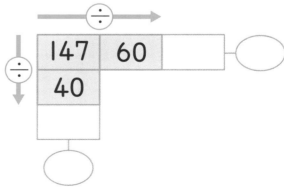

✏️ 큰 수를 작은 수로 나눈 몫과 나머지를 구해 보세요.

몫 : ☐ , 나머지 : ☐

몫 : ☐ , 나머지 : ☐

몫 : ☐ , 나머지 : ☐

몫 : ☐ , 나머지 : ☐

몫 : ☐ , 나머지 : ☐

몫 : ☐ , 나머지 : ☐

✎ 나눗셈의 몫을 찾아 알맞은 색으로 칠해 보세요.

$362 \div 70$ $403 \div 50$

$273 \div 40$ $425 \div 60$

✎ 나눗셈의 나머지를 찾아 알맞은 색으로 칠해 보세요.

$428 \div 50$ $165 \div 20$

$369 \div 40$ $822 \div 90$

(두 자리 수) ÷ (두 자리 수)

✅ 지은이는 쿠키 62개를 구워 한 상자에 12개씩 포장하였습니다. 쿠키는 몇 상자가 되고 몇 개가 남을까요?

상자에 포장한 쿠키 수와 남은 쿠키 수를 알아봅니다.

상자에 포장한 쿠키 수	남은 쿠키 수
$12 \times 3 = 36$	$62 - 36 = 26$
$12 \times 4 = 48$	$62 - 48 = 14$
$12 \times 5 = 60$	$62 - 60 = 2$

> 남은 쿠키 수에서 12를 뺄 수 있는지 알아보고, 뺄 수 없을 때까지 12를 빼요.

62에서 12씩 5번 덜어 내면 2가 남으므로 62÷12의 몫은 5, 나머지는 2입니다.

➡ $62 \div 12 = 5 \cdots 2$

$62 \div 12 = 5 \cdots 2$이므로 쿠키는 5상자가 되고 2개가 남아요.

✅ (두 자리 수)÷(두 자리 수)

· 96÷16 계산하기

$16 \times 4 = 64$
$16 \times 5 = 80$
$16 \times 6 = 96$

```
            6   ← 몫
  1 6 ) 9   6
        9   6
            0
```

나눗셈식 $96 \div 16 = 6$
➡ 몫 : 6

확인 $16 \times 6 = 96$

✅ (두 자리 수)÷(두 자리 수) 계산 방법

몫을 1 크게 해요.

```
          4
  1 5 ) 7 6
        6 0
        1 6
```

나머지는 나누는 수보다
작아야 해요.

몫을 1 작게 해요.

```
          5
  1 5 ) 7 6
        7 5
          1
```

```
          6
  1 5 ) 7 6
        9 0
```

76에서 90을
뺄 수 없어요.

✅ 세로셈

```
          3
  2 1 ) 6 5
        6 3  ← 21×3
          2  ← 65−63
```

나누어떨어지지 않을 때
나머지는 나누는 수보다
작아야 해요.

✅ 가로셈

$84 \div 16 = 5 \cdots 4$

```
          5
  1 6 ) 8 4
        8 0
          4
```

나누는 수와 몫의 곱이
나누어지는 수보다 크지 않으면서
가장 가깝도록 몫을 구해요.

(두 자리 수) ÷ (두 자리 수)

도전! 18분!

✏️ 계산해 보세요.

1
$21\overline{)50}$

2
$20\overline{)94}$

3
$15\overline{)75}$

4
$27\overline{)84}$

5
$25\overline{)62}$

6
$14\overline{)72}$

7
$18\overline{)79}$

8
$12\overline{)98}$

9
$22\overline{)88}$

10
$14\overline{)64}$

11
$26\overline{)78}$

12
$23\overline{)81}$

13
$15\overline{)80}$

14
$12\overline{)60}$

15
$15\overline{)53}$

계산해 보세요.

7
주

16
$11\overline{)24}$

17
$16\overline{)90}$

18
$27\overline{)65}$

19
$12\overline{)82}$

20
$21\overline{)45}$

21
$15\overline{)95}$

22
$25\overline{)56}$

23
$13\overline{)54}$

24
$22\overline{)67}$

25
$18\overline{)96}$

26
$14\overline{)42}$

27
$23\overline{)92}$

28
$19\overline{)88}$

29
$29\overline{)64}$

30
$17\overline{)74}$

31
$11\overline{)46}$

32
$41\overline{)91}$

33
$15\overline{)33}$

스스로
평가

✏️ 계산해 보세요.

1   12)63

2   14)56

3   15)47

4   18)39

5   15)48

6   21)84

7   17)51

8   36)75

9   13)81

10   24)78

11   12)52

12   16)65

13   13)91

14   23)73

15   18)87

계산해 보세요.

16
$21\overline{)72}$

17
$13\overline{)42}$

18
$23\overline{)54}$

19
$16\overline{)97}$

20
$12\overline{)76}$

21
$15\overline{)98}$

22
$12\overline{)27}$

23
$24\overline{)96}$

24
$11\overline{)67}$

25
$36\overline{)89}$

26
$27\overline{)85}$

27
$14\overline{)86}$

28
$32\overline{)99}$

29
$29\overline{)88}$

30
$13\overline{)95}$

31
$22\overline{)58}$

32
$17\overline{)94}$

33
$23\overline{)71}$

7
주

✏️ 계산해 보세요.

1 51÷17

5 96÷24

9 42÷14

2 58÷23

6 49÷11

10 89÷18

3 88÷12

7 67÷19

11 48÷16

4 79÷15

8 85÷17

12 72÷33

 계산해 보세요.

13 68÷21

14 39÷17

15 98÷32

16 92÷11

17 99÷36

18 28÷13

19 64÷12

20 93÷30

21 63÷13

22 54÷23

23 73÷14

24 69÷24

25 70÷15

26 65÷31

27 86÷26

28 45÷19

29 38÷12

30 56÷18

31 87÷28

32 75÷11

33 83÷24

(두 자리 수) ÷ (두 자리 수)

✏️ 계산해 보세요.

1 41÷16

2 87÷14

3 98÷32

4 73÷14

5 54÷13

6 96÷16

7 39÷12

8 64÷16

9 84÷12

10 75÷12

11 62÷15

12 86÷17

✏️ 계산해 보세요.

13 $46 \div 15$

14 $78 \div 16$

15 $56 \div 24$

16 $61 \div 11$

17 $97 \div 48$

18 $48 \div 22$

19 $98 \div 12$

20 $94 \div 20$

21 $36 \div 11$

22 $93 \div 22$

23 $33 \div 14$

24 $68 \div 26$

25 $53 \div 17$

26 $63 \div 19$

27 $77 \div 18$

28 $95 \div 19$

29 $69 \div 13$

30 $74 \div 30$

31 $99 \div 11$

32 $66 \div 28$

33 $57 \div 12$

✏️ 빈 곳에 큰 수를 작은 수로 나눈 몫을 써넣으세요.

1
75	
25	

2
18	
72	

3
74	
37	

4
12	
84	

5
87	
29	

6
56	
14	

7
63	
21	

8
16	
96	

9
60	
15	

10
17	
85	

✏️ □ 안에 몫을, ◯ 안에 나머지를 써넣으세요.

11

54	15		◯
60	17		◯

16

97	16		◯
76	32		◯

12

90	24		◯
88	18		◯

17

66	12		◯
82	15		◯

13

59	28		◯
94	15		◯

18

63	27		◯
45	14		◯

14

62	13		◯
55	23		◯

19

52	16		◯
72	21		◯

15

78	25		◯
70	15		◯

20

65	14		◯
98	24		◯

스스로 평가 😄 🙂 😞

✏️ 나눗셈의 몫을 차례로 누르면 비밀의 방에 들어갈 수 있습니다. 비밀의 방에 들어갈 수 있는 비밀번호를 구해 보세요.

$78 \div 13$	$84 \div 21$	$68 \div 17$	$96 \div 32$

비밀번호는 ☐ ☐ ☐ ☐ 입니다.

✏️ 스위치에 적혀 있는 나눗셈의 몫을 찾아 ○표 하세요.

(세 자리 수) ÷ (두 자리 수) (1)

✅ 꽃 모종 164개를 심으려고 합니다. 한 줄에 18개씩 심는다면 몇 줄이 되고 몇 개가 남을까요?

심은 모종 수와 남은 모종 수를 알아봅니다.

심은 모종 수	남은 모종 수
18×7=126	164−126=38
18×8=144	164−144=20
18×9=162	164−162=2

남은 모종 수에서 18을 뺄 수 있는지 알아보고, 뺄 수 없을 때까지 18을 빼요.

➡ 164÷18=9…2

164÷18=9…2이므로 모종은 9줄이 되고 2개가 남아요.

✅ (세 자리 수)÷(두 자리 수)

· 176÷24 계산하기

$$24 \times 5 = 120$$
$$24 \times 6 = 144$$
$$24 \times 7 = 168$$

```
        7  ← 몫
2 4 ) 1 7 6
      1 6 8
          8  ← 나머지
```

나눗셈식 $176 \div 24 = 7 \cdots 8$ ➡ 몫 : 7, 나머지 : 8

확인 $24 \times 7 = 168$, $168 + 8 = 176$

✅ (세 자리 수)÷(두 자리 수) 계산 방법

몫을 1 크게 해요. ➡   몫을 1 작게 해요.

```
      5                6                7
3 1 ) 1 9 1      3 1 ) 1 9 1      3 1 ) 1 9 1
      1 5 5            1 8 6            2 1 7
        3 6                5
```

나머지는 나누는 수보다 작아야 해요.

191에서 217을 뺄 수 없어요.

✅ 세로셈

```
            8
2 7 ) 2 3 2
      2 1 6     27×8
        1 6     232-216
```

나누어떨어지지 않을 때 나머지는 나누는 수보다 작아야 해요.

✅ 가로셈

$$148 \div 33 = 4 \cdots 16$$

```
            4
3 3 ) 1 4 8
      1 3 2
        1 6
```

나누는 수와 몫의 곱이 나누어지는 수보다 크지 않으면서 가장 가깝도록 몫을 구해요.

✏️ 계산해 보세요.

1
$20\overline{)122}$

6
$48\overline{)305}$

11
$16\overline{)151}$

2
$30\overline{)156}$

7
$24\overline{)224}$

12
$32\overline{)298}$

3
$27\overline{)247}$

8
$48\overline{)199}$

13
$24\overline{)154}$

4
$64\overline{)336}$

9
$36\overline{)216}$

14
$45\overline{)283}$

5
$15\overline{)134}$

10
$25\overline{)225}$

15
$36\overline{)228}$

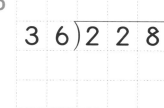

✏️ 계산해 보세요.

16
$$45\overline{)195}$$

17
$$27\overline{)219}$$

18
$$56\overline{)323}$$

19
$$15\overline{)124}$$

20
$$29\overline{)183}$$

21
$$72\overline{)547}$$

22
$$39\overline{)316}$$

23
$$18\overline{)164}$$

24
$$33\overline{)319}$$

25
$$44\overline{)363}$$

26
$$22\overline{)162}$$

27
$$45\overline{)236}$$

28
$$36\overline{)218}$$

29
$$21\overline{)175}$$

30
$$17\overline{)128}$$

31
$$31\overline{)273}$$

32
$$18\overline{)105}$$

33
$$25\overline{)213}$$

도전! 20분!

✏️ 계산해 보세요.

1
$$75\overline{)325}$$

2
$$54\overline{)273}$$

3
$$67\overline{)424}$$

4
$$45\overline{)275}$$

5
$$56\overline{)345}$$

6
$$42\overline{)164}$$

7
$$96\overline{)576}$$

8
$$48\overline{)312}$$

9
$$24\overline{)238}$$

10
$$27\overline{)146}$$

11
$$18\overline{)122}$$

12
$$48\overline{)167}$$

13
$$38\overline{)227}$$

14
$$72\overline{)295}$$

15
$$45\overline{)135}$$

✏️ 계산해 보세요.

16
$45)\overline{265}$

17
$17)\overline{154}$

18
$56)\overline{384}$

19
$45)\overline{348}$

20
$15)\overline{143}$

21
$29)\overline{178}$

22
$33)\overline{283}$

23
$27)\overline{142}$

24
$34)\overline{215}$

25
$23)\overline{128}$

26
$72)\overline{526}$

27
$48)\overline{294}$

28
$31)\overline{187}$

29
$35)\overline{256}$

30
$12)\overline{103}$

31
$63)\overline{452}$

32
$32)\overline{194}$

33
$18)\overline{136}$

도전! 22분!

✏️ 계산해 보세요.

1 144÷18

5 177÷56

9 270÷32

2 235÷72

6 128÷32

10 142÷27

3 228÷32

7 324÷54

11 234÷42

4 112÷16

8 169÷32

12 225÷75

✎ 계산해 보세요.

13 $123 \div 18$

14 $707 \div 98$

15 $175 \div 28$

16 $711 \div 81$

17 $245 \div 42$

18 $137 \div 18$

19 $603 \div 75$

20 $205 \div 38$

21 $155 \div 26$

22 $334 \div 43$

23 $165 \div 19$

24 $121 \div 37$

25 $159 \div 33$

26 $407 \div 54$

27 $145 \div 23$

28 $213 \div 35$

29 $267 \div 32$

30 $113 \div 18$

31 $185 \div 25$

32 $207 \div 41$

33 $102 \div 15$

스스로 평가　😄　☺　☹

✏️ 계산해 보세요.

1 225÷45

5 198÷32

9 583÷72

2 265÷57

6 214÷25

10 175÷54

3 156÷36

7 384÷45

11 255÷81

4 576÷64

8 252÷48

12 158÷16

 계산해 보세요.

13 463÷77

14 256÷84

15 148÷24

16 273÷42

17 104÷14

18 684÷96

19 131÷22

20 145÷21

21 128÷36

22 213÷26

23 152÷36

24 224÷35

25 114÷41

26 236÷28

27 288÷92

28 192÷36

29 129÷19

30 233÷54

31 227÷25

32 163÷45

33 116÷16

스스로 평가

✏️ □ 안에 몫을, ○ 안에 나머지를 써넣으세요.

1
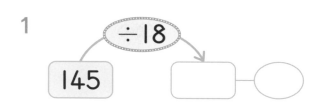
145 ÷18

6
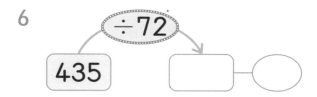
435 ÷72

2
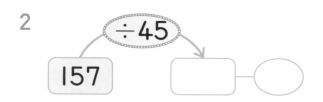
157 ÷45

7
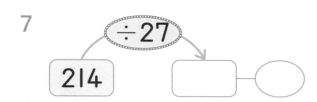
214 ÷27

3
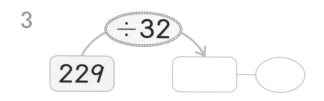
229 ÷32

8
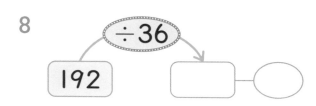
192 ÷36

4
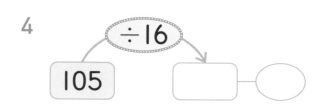
105 ÷16

9
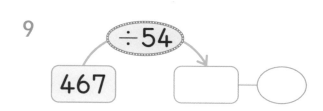
467 ÷54

5
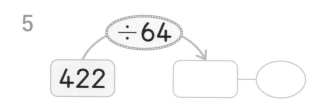
422 ÷64

10
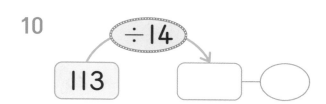
113 ÷14

✏️ □ 안에 몫을, ◯ 안에 나머지를 써넣으세요.

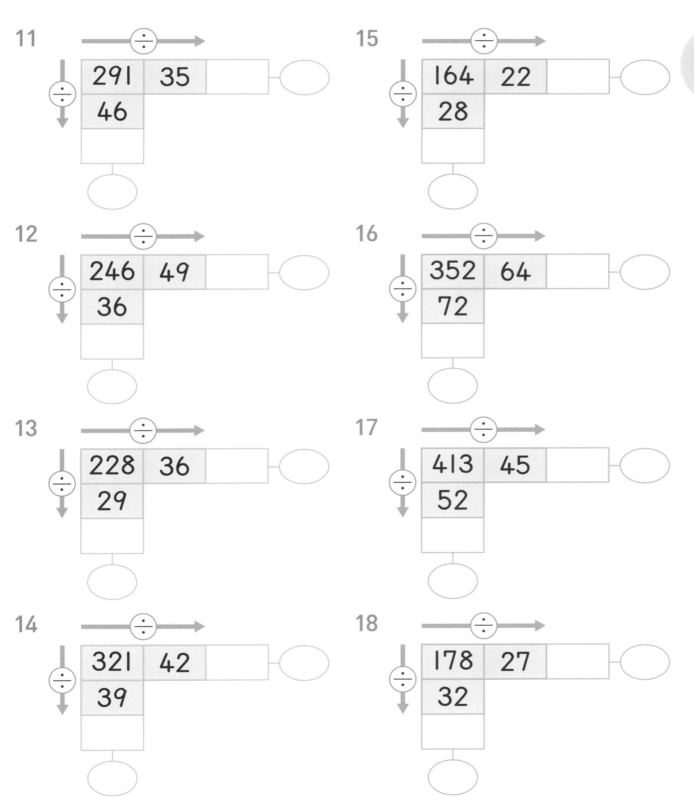

11
÷
| 291 | 35 |
| 46 |

12
÷
| 246 | 49 |
| 36 |

13
÷
| 228 | 36 |
| 29 |

14
÷
| 321 | 42 |
| 39 |

15
÷
| 164 | 22 |
| 28 |

16
÷
| 352 | 64 |
| 72 |

17
÷
| 413 | 45 |
| 52 |

18
÷
| 178 | 27 |
| 32 |

스스로
평가   😄 🙂 🙁

나눗셈의 몫과 나머지가 차례로 쓰여 있는 것끼리 이어 보세요.

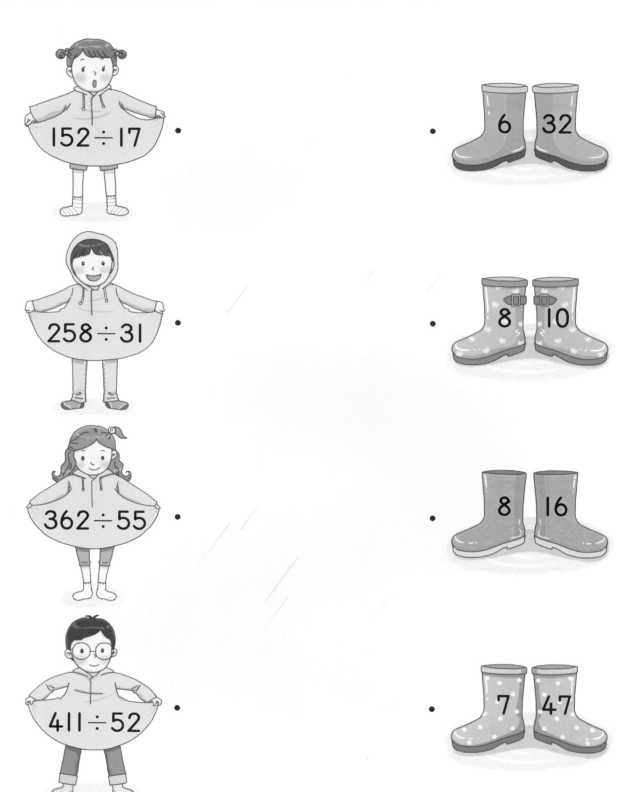

152÷17

258÷31

362÷55

411÷52

6   32

8   10

8   16

7   47

✏️ 나눗셈의 몫과 나머지가 서로 같은 친구끼리 짝입니다. 서로 짝인 친구를 찾아보세요.

113÷15

수아

144÷26

온수

269÷51

현우

274÷38

연두

수아와 ☐, ☐와 ☐가 짝입니다.

✅ 정원이 26명인 놀이 기구가 있습니다. 이 놀이 기구는 정원이 모두 타야 운행합니다. 이 놀이 기구를 276명이 타려고 할 때 놀이 기구는 몇 번 운행하고 몇 명이 남을까요?

탄 사람 수와 남은 사람 수를 알아봅니다.

탄 사람 수	남은 사람 수
$26 \times 8 = 208$	$276 - 208 = 68$
$26 \times 9 = 234$	$276 - 234 = 42$
$26 \times 10 = 260$	$276 - 260 = 16$

> 남은 사람 수에서 26을 뺄 수 있는지 알아보고, 뺄 수 없을 때까지 26을 빼요.

➡ $276 \div 26 = 10 \cdots 16$

$276 \div 26 = 10 \cdots 16$이므로 놀이 기구는 10번 운행하고 16명이 남아요.

일차	1일 학습	2일 학습	3일 학습	4일 학습	5일 학습
공부할 날	월 일	월 일	월 일	월 일	월 일

✅ (세 자리 수)÷(두 자리 수)

· 451÷14 계산하기

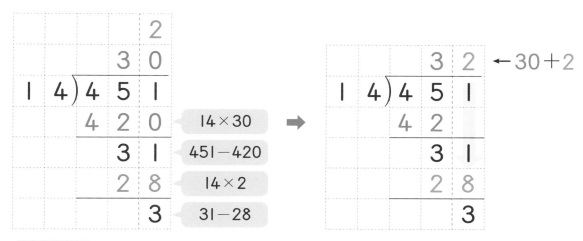

나눗셈식 451÷14=32…3 ➡ 몫 : 32, 나머지 : 3

확인 14×32=448, 448+3=451

✅ (세 자리 수)÷(두 자리 수) 계산 방법

⌐세로셈

```
      2
 17)4 6 3
   3 4
   1 2 3
```
➡
```
      2 7
 17)4 6 3
   3 4
   1 2 3
   1 1 9
        4
```

⌐가로셈

397÷24=16…13

```
         1 6
 2 4)3 9 7
     2 4
     1 5 7
     1 4 4
         1 3
```

① 세 자리 수 중 왼쪽 두 자리 수부터 먼저 나눕니다.
② 남은 나머지와 일의 자리 수를 더해서 다시 나눕니다.

몫의 십의 자리에 1을 쓰면
24×1=24이므로 나눗셈식에서
24로 쓰지만 실제로 나타내는 값은
240이에요.

117

✏️ 계산해 보세요.

1
15)185

5
72)854

9
14)226

2
16)300

6
19)401

10
25)729

3
25)572

7
27)463

11
45)817

4
42)618

8
75)946

12
36)452

118

계산해 보세요.

13
$28\overline{)589}$

17
$13\overline{)724}$

21
$25\overline{)578}$

14
$18\overline{)312}$

18
$16\overline{)495}$

22
$42\overline{)688}$

15
$19\overline{)273}$

19
$45\overline{)634}$

23
$11\overline{)303}$

16
$31\overline{)426}$

20
$14\overline{)437}$

24
$54\overline{)686}$

도전! 16분!

✏️ 계산해 보세요.

1
$$32\overline{)754}$$

5
$$52\overline{)713}$$

9
$$21\overline{)614}$$

2
$$17\overline{)281}$$

6
$$48\overline{)610}$$

10
$$15\overline{)289}$$

3
$$56\overline{)772}$$

7
$$27\overline{)315}$$

11
$$24\overline{)514}$$

4
$$19\overline{)248}$$

8
$$28\overline{)495}$$

12
$$18\overline{)423}$$

계산해 보세요.

13

16) 233

17

36) 461

21

33) 477

14

56) 976

18

15) 327

22

25) 541

15

18) 258

19

28) 542

23

22) 456

16

32) 467

20

29) 415

24

14) 299

✏️ 계산해 보세요.

1 277÷12

4 611÷54

7 251÷15

2 507÷16

5 363÷24

8 680÷48

3 314÷18

6 829÷64

9 516÷32

✏ 계산해 보세요.

10 443÷23

11 535÷32

12 688÷24

13 542÷17

14 725÷19

15 456÷36

16 956÷45

17 779÷15

18 980÷84

19 283÷16

20 518÷13

21 399÷27

22 472÷27

23 278÷21

24 462÷12

25 972÷31

26 295÷23

27 434÷18

(세 자리 수) ÷ (두 자리 수) (2)

✏️ 계산해 보세요.

1 884÷64

2 421÷16

3 938÷72

4 616÷12

5 510÷22

6 189÷14

7 369÷28

8 217÷13

9 470÷25

✏️ 계산해 보세요.

10 $652 \div 49$

11 $491 \div 18$

12 $982 \div 54$

13 $536 \div 27$

14 $605 \div 31$

15 $725 \div 49$

16 $540 \div 24$

17 $353 \div 19$

18 $269 \div 13$

19 $634 \div 48$

20 $475 \div 21$

21 $723 \div 26$

22 $717 \div 27$

23 $518 \div 15$

24 $413 \div 35$

25 $304 \div 12$

26 $748 \div 16$

27 $277 \div 24$

스스로 평가

(세 자리 수) ÷ (두 자리 수) (2)

✏️ □ 안에 몫을, ○ 안에 나머지를 써넣으세요.

1   620 → ÷41 → □ … ○

6   278 → ÷15 → □ … ○

2   457 → ÷38 → □ … ○

7   524 → ÷23 → □ … ○

3   362 → ÷16 → □ … ○

8   421 → ÷36 → □ … ○

4   613 → ÷24 → □ … ○

9   175 → ÷14 → □ … ○

5   547 → ÷39 → □ … ○

10   929 → ÷38 → □ … ○

✏️ □ 안에 몫을, ◯ 안에 나머지를 써넣으세요.

11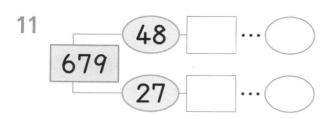

16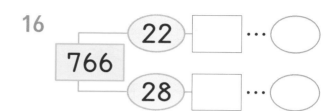

12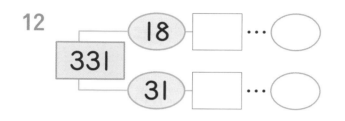

17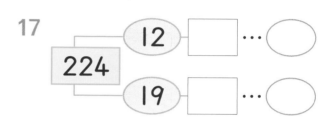

13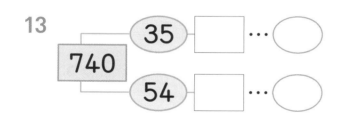

18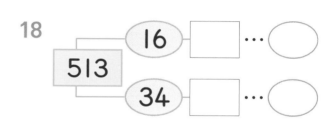

14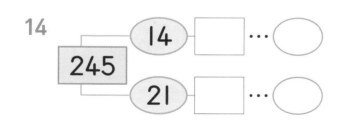

19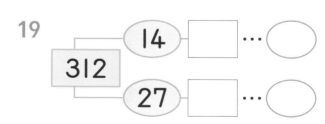

15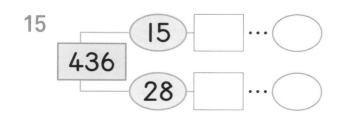

20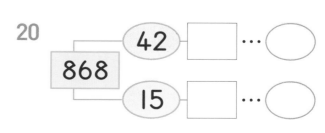

스스로
평가　😄　🙂　😟

몫이 가장 큰 쪽으로 갈 때 윤호가 갖게 되는 것에 ○표 하세요.

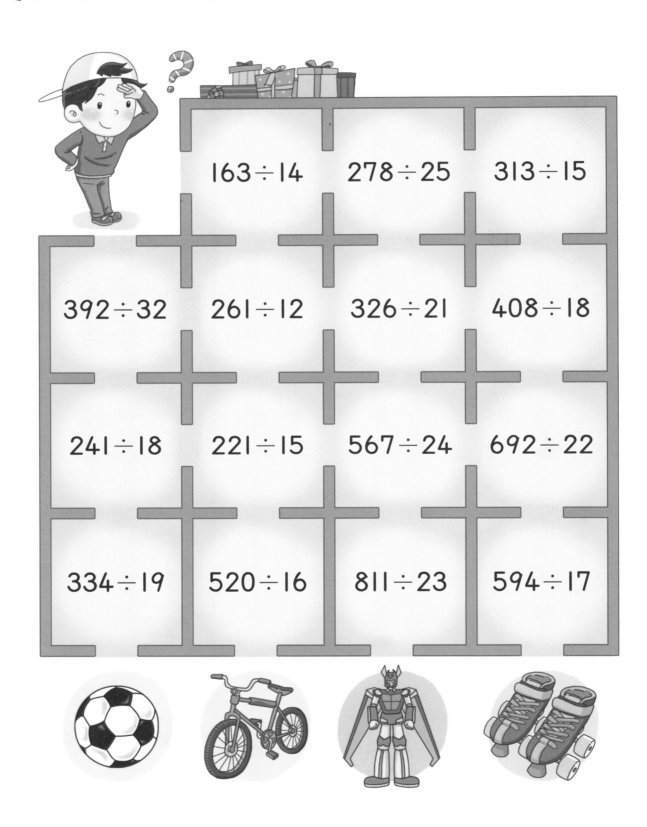

163÷14	278÷25	313÷15
392÷32	261÷12	326÷21	408÷18
241÷18	221÷15	567÷24	692÷22
334÷19	520÷16	811÷23	594÷17

✏️ 판다 만두 가게에서 하루 동안 만든 만두 572개를 한 상자에 12개씩 포장하여 팔았더니 만두가 몇 개 남았습니다. 남은 만두는 판다가 먹었다면 판다가 먹은 만두는 몇 개인가요?

$$\boxed{} \div \boxed{} = \boxed{} \cdots \boxed{} \text{이므로}$$

판다가 먹은 만두는 $\boxed{}$개입니다.

✅ 성우네 학교 학생 286명이 소풍을 가려고 합니다. 버스 한 대에 17명씩 탄다면 버스는 모두 몇 대 필요한가요?

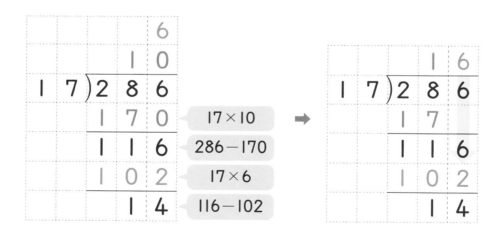

286÷17=16…14이므로 17명씩 버스 16대에 타면 14명이 남아요.
남은 학생들도 버스에 타야 하므로 버스는 모두 17대가 필요해요.
↑
16+1

✅ **(세 자리 수)÷(두 자리 수)의 몫 어림하기**

• **421÷32 몫 어림하기**

$$32\overline{)421} \Rightarrow 421÷32에서 42>32이므로 몫은 두 자리 수입니다.$$

① $32×10=320$, $32×20=640$이므로 $421÷32$의 몫은 **10**보다 크고 **20**보다 작습니다.

② $421-320=101$이고, 101에서 32를 **3**번 덜어 내면 5가 남으므로 $421÷32$의 몫은 **13**, 나머지는 **5**입니다.

➡ $421÷32=13\cdots5$

✅ **(세 자리 수)÷(두 자리 수) 계산하기**

• **397÷24 계산하기**

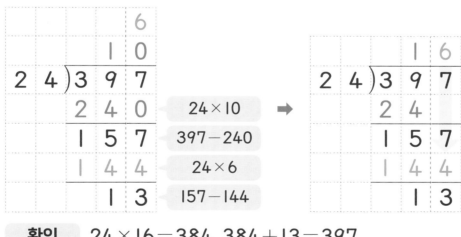

확인 $24×16=384$, $384+13=397$

나누는 수   몫   나머지   나누어지는 수

📝 **개념 쏙쏙 노트**

• **(세 자리 수)÷(두 자리 수)**

① 세 자리 수 중 왼쪽 두 자리 수부터 먼저 나눕니다.

② 남은 나머지와 일의 자리 수를 더해서 다시 나눕니다.

(세 자리 수) ÷ (두 자리 수) (3)

✏️ 계산해 보세요.

1

$$32 \overline{)485}$$

5

$$39 \overline{)447}$$

9

$$36 \overline{)620}$$

2

$$16 \overline{)287}$$

6

$$15 \overline{)368}$$

10

$$24 \overline{)774}$$

3

$$18 \overline{)425}$$

7

$$32 \overline{)596}$$

11

$$11 \overline{)192}$$

4

$$42 \overline{)622}$$

8

$$35 \overline{)513}$$

12

$$28 \overline{)433}$$

✎ 계산해 보세요.

13
$64 \overline{)745}$

17
$25 \overline{)481}$

21
$42 \overline{)554}$

14
$17 \overline{)507}$

18
$28 \overline{)718}$

22
$12 \overline{)376}$

15
$36 \overline{)919}$

19
$11 \overline{)452}$

23
$27 \overline{)831}$

16
$24 \overline{)710}$

20
$18 \overline{)609}$

24
$21 \overline{)391}$

스스로
평가

133

✏️ 계산해 보세요.

1
$$17\overline{)277}$$

2
$$27\overline{)731}$$

3
$$16\overline{)657}$$

4
$$17\overline{)423}$$

5
$$42\overline{)510}$$

6
$$12\overline{)389}$$

7
$$35\overline{)750}$$

8
$$36\overline{)589}$$

9
$$24\overline{)365}$$

10
$$28\overline{)522}$$

11
$$21\overline{)311}$$

12
$$25\overline{)338}$$

✏️ 계산해 보세요.

13
$$36 \overline{)494}$$

17
$$75 \overline{)956}$$

21
$$24 \overline{)754}$$

14
$$28 \overline{)456}$$

18
$$20 \overline{)557}$$

22
$$13 \overline{)472}$$

15
$$39 \overline{)825}$$

19
$$11 \overline{)258}$$

23
$$31 \overline{)913}$$

16
$$21 \overline{)417}$$

20
$$36 \overline{)614}$$

24
$$17 \overline{)529}$$

✎ 계산해 보세요.

1 470÷35

4 296÷21

7 423÷31

2 248÷14

5 613÷27

8 355÷12

3 392÷27

6 234÷16

9 317÷25

✎ 계산해 보세요.

10　590÷48

11　479÷16

12　617÷32

13　571÷24

14　853÷35

15　628÷15

16　334÷25

17　237÷18

18　462÷28

19　795÷31

20　956÷27

21　819÷45

22　755÷49

23　402÷23

24　148÷12

25　324÷29

26　511÷22

27　259÷19

스스로
평가　😄　☺　☹

 계산해 보세요.

1 520÷24

4 457÷32

7 269÷18

2 472÷15

5 243÷11

8 326÷28

3 588÷25

6 659÷42

9 395÷14

✏️ 계산해 보세요.

10 $933 \div 63$

11 $426 \div 23$

12 $678 \div 33$

13 $274 \div 19$

14 $423 \div 16$

15 $518 \div 35$

16 $827 \div 32$

17 $718 \div 15$

18 $531 \div 25$

19 $345 \div 29$

20 $914 \div 42$

21 $471 \div 34$

22 $775 \div 52$

23 $652 \div 18$

24 $336 \div 22$

25 $379 \div 12$

26 $567 \div 30$

27 $620 \div 26$

(세 자리 수) ÷ (두 자리 수) (3)

✏️ □ 안에 몫을, ⬭ 안에 나머지를 써넣으세요.

1
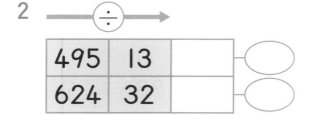

| 360 | 23 | | |
| 479 | 17 | | |

5
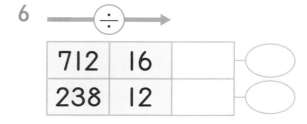

| 249 | 15 | | |
| 313 | 22 | | |

2

| 495 | 13 | | |
| 624 | 32 | | |

6

| 712 | 16 | | |
| 238 | 12 | | |

3
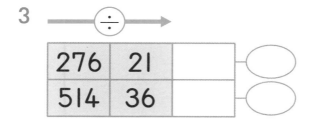

| 276 | 21 | | |
| 514 | 36 | | |

7
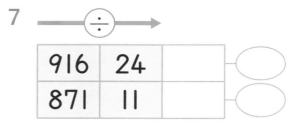

| 916 | 24 | | |
| 871 | 11 | | |

4
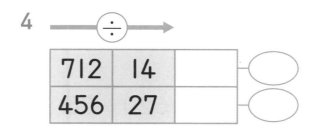

| 712 | 14 | | |
| 456 | 27 | | |

8
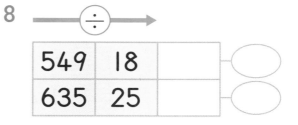

| 549 | 18 | | |
| 635 | 25 | | |

✎ 화살표 방향으로 계산한 다음 □ 안에 몫을, ◯ 안에 나머지를 써넣으세요.

9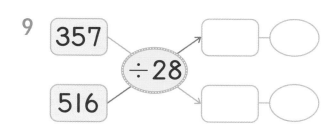

13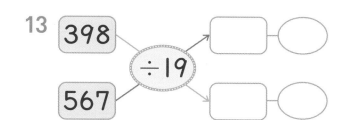

10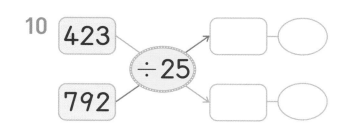

14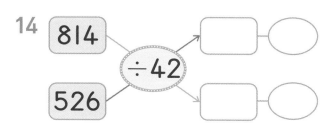

11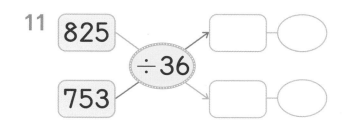

15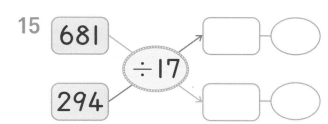

12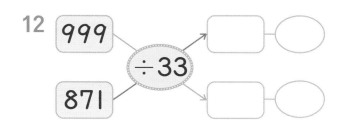

16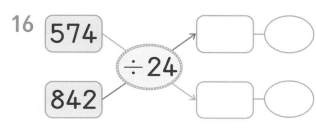

스스로 평가 😆 🙂 😞

141

10주 생각 수학

✏️ 몫과 나머지를 차례로 따라가 토끼의 집에 도착해 보세요.

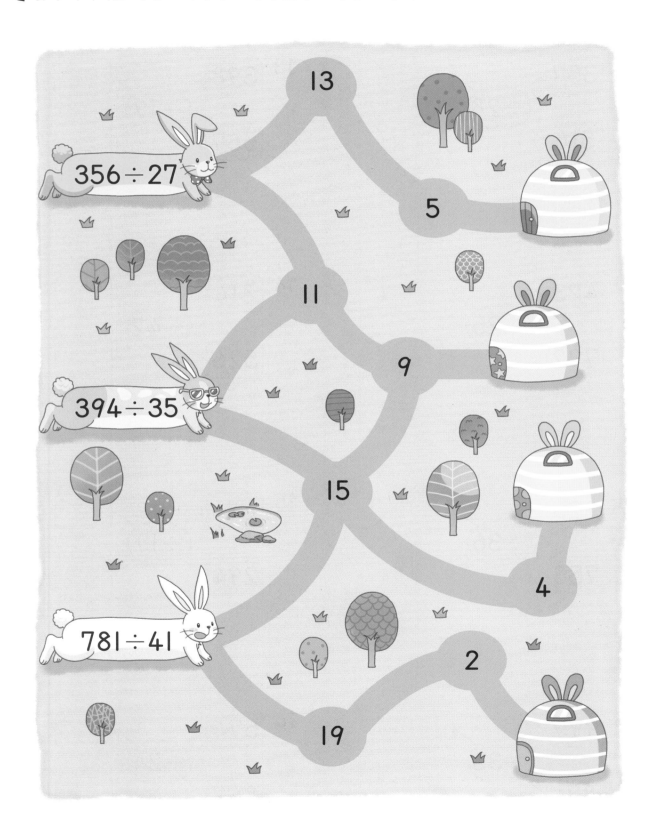

✏️ 몫과 나머지가 같은 구름 위에 있는 손오공이 여의봉의 주인입니다. 알맞게 이어 보세요.

7권	자연수의 곱셈과 나눗셈 (3)	일차	표준 시간	문제 개수
1주	(몇백) × (몇십)	1일차	8분	33개
		2일차	8분	33개
		3일차	8분	33개
		4일차	8분	33개
		5일차	8분	18개
2주	(세 자리 수) × (몇십)	1일차	11분	33개
		2일차	11분	33개
		3일차	13분	33개
		4일차	13분	33개
		5일차	11분	18개
3주	(세 자리 수) × (두 자리 수)	1일차	8분	24개
		2일차	8분	24개
		3일차	15분	33개
		4일차	15분	33개
		5일차	20분	18개
4주	(몇백몇십) ÷ (몇십)	1일차	8분	33개
		2일차	8분	33개
		3일차	8분	33개
		4일차	8분	33개
		5일차	8분	20개
5주	(두 자리 수) ÷ (몇십)	1일차	15분	33개
		2일차	15분	33개
		3일차	15분	33개
		4일차	15분	33개
		5일차	20분	16개
6주	(세 자리 수) ÷ (몇십)	1일차	15분	33개
		2일차	15분	33개
		3일차	15분	33개
		4일차	15분	33개
		5일차	15분	18개
7주	(두 자리 수) ÷ (두 자리 수)	1일차	18분	33개
		2일차	18분	33개
		3일차	20분	33개
		4일차	20분	33개
		5일차	20분	20개
8주	(세 자리 수) ÷ (두 자리 수) (1)	1일차	20분	33개
		2일차	20분	33개
		3일차	22분	33개
		4일차	22분	33개
		5일차	20분	18개
9주	(세 자리 수) ÷ (두 자리 수) (2)	1일차	16분	24개
		2일차	16분	24개
		3일차	20분	27개
		4일차	20분	27개
		5일차	25분	20개
10주	(세 자리 수) ÷ (두 자리 수) (3)	1일차	16분	24개
		2일차	16분	24개
		3일차	20분	27개
		4일차	20분	27개
		5일차	28분	16개

1일10분

초등 메가 계산력

7권

초등 **4**학년

자연수의 곱셈과 나눗셈 (3)

정답

메가스터디 BOOKS

1일 10분

자기 주도 학습력을 높이는
1일 10분 습관의 힘

초등 메가 계산력

7권

초등 **4**학년

자연수의 곱셈과 나눗셈 (3)

정답

메가 계산력 이것이 다릅니다!

수학, 왜 어려워할까요?

자연수

쉽게 느끼는 영역	어렵게 느끼는 영역
작은 수	큰 수
덧셈	뺄셈
덧셈, 뺄셈	곱셈, 나눗셈
곱셈	나눗셈
세 수의 덧셈, 세 수의 뺄셈	세 수의 덧셈과 뺄셈 혼합 계산
사칙연산의 혼합 계산	괄호를 포함한 혼합 계산

분수와 소수

쉽게 느끼는 영역	어렵게 느끼는 영역
배수	약수
통분	약분
소수의 덧셈, 뺄셈	분수의 덧셈, 뺄셈
분수의 곱셈, 나눗셈	소수의 곱셈, 나눗셈
분수의 곱셈과 나눗셈의 혼합계산	소수의 곱셈과 나눗셈의 혼합계산
사칙연산의 혼합 계산	괄호를 포함한 혼합 계산

아이들은 수와 연산을 습득하면서 나름의 난이도 기준이 생깁니다. 이때 '수학은 어려운 과목 또는 지루한 과목'이라는 덫에 한번 걸리면 트라우마가 되어 그 덫에서 벗어나기가 굉장히 어려워집니다.

"수학의 기본인 계산력이 부족하기 때문입니다."

계산력, "플로 스몰 스텝"으로 키운다!

1일 10분 초등 메가 계산력은 반복 학습 시스템 **"플로 스몰 스텝(flow small step)"**으로 구성하였습니다. **"플로 스몰 스텝(flow small step)"**이란, 학습 내용을 잘게 쪼개어 자연스럽게 단계를 밟아가며 학습하도록 하는 프로그램입니다. 이 방식에 따라 학습하다 보면 난이도가 높아지더라도 크게 어려움을 느끼지 않으면서 수학의 개념과 원리를 자연스럽게 깨우치게 되고, 수학을 어렵거나 지루한 과목이라고 느끼지 않게 됩니다.

1. 매일 꾸준히 하는 것이 중요합니다.

자전거 타는 방법을 한번 익히면 잘 잊어버리지 않습니다. 이것을 우리는 '체화되었다'라고 합니다. 자전거를 잘 타게 될 때까지 매일 넘어지고, 다시 달리고를 반복하기 때문입니다. 계산력도 마찬가지입니다.

계산의 원리와 순서를 이해해도 꾸준히 학습하지 않으면 바로 잊어버리기 쉽습니다. 계산을 잘하는 아이들은 문제 풀이 속도도 빠르고, 실수도 적습니다. 그것은 단기간에 얻을 수 있는 결과가 아닙니다. 지금 현재 잘하는 것처럼 보인다고 시간이 흐른 후에도 잘하는 것이 아닙니다. 자전거 타기가 완전히 체화되어서 자연스럽게 달리고 멈추기를 실수 없이 하게 될 때까지 매일 연습하듯, 계산력도 매일 꾸준히 연습해서 단련해야 합니다.

2. 빠른 것보다 정확하게 푸는 것이 중요합니다!

초등 교과 과정의 수학 교과서 "수와 연산" 영역에서는 문제에 대한 다양한 풀이법을 요구하고 있습니다. 왜 그럴까요?

기계적인 단순 반복 계산 훈련을 막기 위해서라기보다 더욱 빠르고 정확하게 문제를 해결하는 계산력 향상을 위해서입니다. 빠르고 정확한 계산을 하는 셈 방법에는 머리셈과 필산이 있습니다. 이제까지의 계산력 훈련으로는 손으로 직접 쓰는 필산만이 중요시되었습니다. 하지만 새 교육과정에서는 필산과 함께 머리셈을 더욱 강조하고 있으며 아이들에게도 이는 재미있는 도전이 될 것입니다. 그렇다고 해서 머리셈을 위한 계산 개념을 따로 공부해야 하는 것이 아닙니다. 체계적인 흐름에 따라 문제를 풀면서 자연스럽게 습득할 수 있어야 합니다.

초등 교과 과정에 맞춰 체계화된 1일 10분 초등 메가 계산력의 **"플로 스몰 스텝(flow small step)"** 프로그램으로 계산력을 키워 주세요.

계산력 향상은 중·고등 수학까지 연결되는 사고력 확장의 단단한 바탕입니다.

1일

	6쪽					7쪽		
1 10000	6 28000	11 15000		16 21000	22 16000	28 36000		
2 32000	7 25000	12 45000		17 8000	23 63000	29 12000		
3 20000	8 54000	13 35000		18 14000	24 48000	30 9000		
4 16000	9 12000	14 40000		19 35000	25 16000	31 30000		
5 27000	10 6000	15 24000		20 28000	26 24000	32 72000		
				21 63000	27 56000	33 81000		

2일

	8쪽					9쪽		
1 28000	6 18000	11 40000		16 14000	22 54000	28 21000		
2 24000	7 48000	12 18000		17 12000	23 18000	29 30000		
3 16000	8 35000	13 49000		18 45000	24 64000	30 15000		
4 4000	9 42000	14 32000		19 8000	25 56000	31 36000		
5 24000	10 63000	15 42000		20 72000	26 36000	32 18000		
				21 10000	27 12000	33 56000		

3일

	10쪽					11쪽		
1 8000	5 14000	9 10000		13 9000	20 16000	27 21000		
2 12000	6 18000	10 24000		14 49000	21 15000	28 12000		
3 63000	7 42000	11 56000		15 32000	22 81000	29 40000		
4 48000	8 18000	12 36000		16 27000	23 6000	30 42000		
				17 24000	24 18000	31 15000		
				18 35000	25 45000	32 24000		
				19 20000	26 72000	33 32000		

4

				12쪽
1	8000	5	30000	9 16000
2	27000	6	72000	10 56000
3	45000	7	54000	11 20000
4	63000	8	15000	12 12000

13쪽

13	10000	20	40000	27	28000
14	30000	21	36000	28	28000
15	15000	22	36000	29	24000
16	35000	23	16000	30	56000
17	12000	24	54000	31	6000
18	45000	25	25000	32	42000
19	16000	26	81000	33	48000

				14쪽
1	21000	6	28000	
2	10000	7	24000	
3	63000	8	12000	
4	40000	9	48000	
5	36000	10	42000	

(위에서부터) 15쪽

11	16000 / 18000	15	21000 / 49000
12	24000 / 56000	16	24000 / 32000
13	35000 / 10000	17	27000 / 15000
14	36000 / 72000	18	36000 / 30000

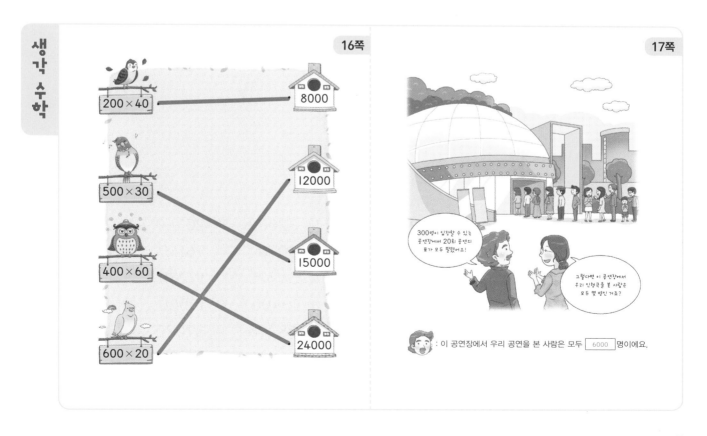

: 이 공연장에서 우리 공연을 본 사람은 모두 6000 명이에요.

1일

1	4860	6	2880	11	21650
2	3690	7	57330	12	63490
3	34260	8	29000	13	8130
4	37480	9	29520	14	25600
5	46920	10	58450	15	20430

20쪽

16	41360	22	41200	28	22890
17	18560	23	8520	29	16020
18	19810	24	49680	30	14480
19	30200	25	24300	31	4840
20	28080	26	28320	32	11450
21	50560	27	29820	33	75330

21쪽

2일

1	3420	6	17300	11	59820
2	67050	7	20100	12	14440
3	14820	8	27510	13	6800
4	13280	9	32480	14	8960
5	43330	10	45040	15	75780

22쪽

16	21040	22	50240	28	10560
17	54040	23	16820	29	5800
18	27450	24	25860	30	28410
19	18520	25	7470	31	62550
20	38070	26	41250	32	44280
21	30700	27	9730	33	41040

23쪽

3일

1	10500	5	5160	9	17900
2	9240	6	57200	10	19200
3	49260	7	22680	11	39780
4	64680	8	24120	12	48900

24쪽

13	32600	20	20960	27	24290
14	5070	21	76140	28	28400
15	54720	22	17280	29	9380
16	13400	23	10520	30	41310
17	38290	24	37020	31	7080
18	38580	25	4410	32	30520
19	12900	26	70240	33	18540

25쪽

26쪽
27쪽
28쪽
29쪽
30쪽
31쪽

4일

1	18100	5	10880	9	10520
2	6180	6	11950	10	19050
3	56700	7	7280	11	34020
4	31020	8	74560	12	46970

13	30400	20	37840	27	47800
14	14880	21	49620	28	50820
15	4290	22	27650	29	39420
16	43120	23	10040	30	54120
17	46700	24	12220	31	9840
18	18960	25	74880	32	41200
19	31280	26	7110	33	34720

5일

1	9480	6	10860
2	57920	7	29470
3	12740	8	7740
4	24080	9	25600
5	48180	10	84060

11	6390 / 22140	15	8740 / 2480
12	41150 / 27350	16	29360 / 74000
13	53340 / 61880	17	17800 / 25760
14	34920 / 83070	18	16740 / 22500

생각 수학

120 g짜리 피자빵이 20개 있어요.

105 g짜리 소보로빵이 30개 있어요.

162 g짜리 바게트가 40개 있어요.

🍕 : 120 × 20 = 2400 (g)

🍪 : 105 × 30 = 3150 (g)

🥖 : 162 × 40 = 6480 (g)

232 cm짜리 철근이 60개 이어진 것이면 전체 길이는 몇 cm일까?

구름다리의 전체 길이 : 232 × 60 = 13920 (cm)

1일

	34쪽							35쪽
1	13608	5	3248	9	22714	13	16262
2	6570	6	30624	10	71466	14	12584
3	7968	7	16632	11	16884	15	51392
4	20448	8	18718	12	13392	16	5355

17	12298	21	14469
18	11808	22	29697
19	7491	23	17556
20	17316	24	14478

2일

	36쪽							37쪽
1	20319	5	54264	9	15316	13	50052
2	40455	6	9135	10	25434	14	12818
3	39435	7	26727	11	56550	15	17298
4	27232	8	66913	12	47226	16	11866

17	8169	21	14469
18	61977	22	29697
19	18468	23	16188
20	28175	24	42672

3일

	38쪽							39쪽
1	12298	5	16896	9	43774	13	49680
2	26824	6	29992	10	11830	14	34608
3	62865	7	3552	11	65219	15	19277
4	3534	8	22708	12	10485	16	14999

17	77988	24	46112	31	7014
18	4004	25	18705	32	61180
19	20938	26	27436	33	16906
20	20971	27	23832		
21	34914	28	14626		
22	11997	29	34932		
23	49764	30	21580		

4일

1	32032	5	5820
2	78584	6	45955
3	30473	7	10290
4	24168	8	51935

9	42075
10	21725
11	11520
12	33746

40쪽

13	14950	20	36992	27	32153
14	19521	21	25048	28	26712
15	24310	22	7824	29	20064
16	17556	23	46967	30	18819
17	7616	24	39220	31	6592
18	46939	25	72845	32	22464
19	30798	26	13500	33	35088

41쪽

5일

1	6272	6	27738
2	11983	7	34800
3	33696	8	7616
4	14950	9	6432
5	79170	10	65807

42쪽

(위에서부터)

11 27430, 83083 /
38402, 59345

12 16175, 63679 /
49819, 20675

13 69552, 8748 /
20412, 29808

14 5655, 27288 /
14781, 10440

15 5928, 24528 /
12264, 11856

16 2057, 31416 /
8228, 7854

17 4998, 32966 /
8708, 18921

18 62656, 9648 /
23584, 25632

43쪽

생각수학

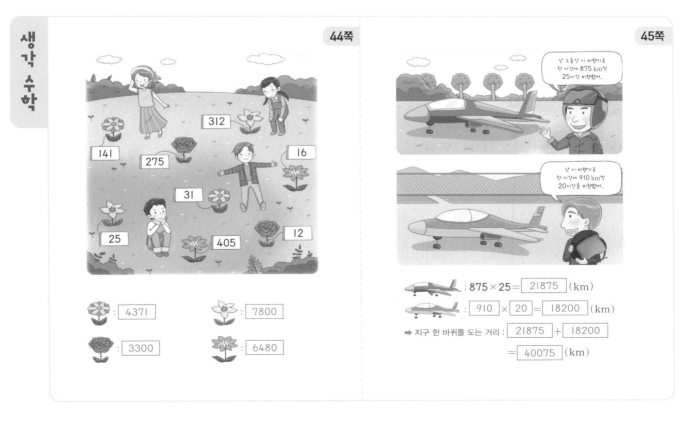

44쪽

: 4371

: 7800

: 3300

: 6480

45쪽

: 875 × 25 = 21875 (km)

: 910 × 20 = 18200 (km)

→ 지구 한 바퀴를 도는 거리: 21875 + 18200

= 40075 (km)

1일

48쪽

1	3	6	6	11	6		
2	8	7	4	12	4		
3	2	8	3	13	4		
4	5	9	8	14	8		
5	2	10	8	15	6		

49쪽

16	7	22	9	28	5
17	4	23	4	29	8
18	9	24	5	30	7
19	5	25	5	31	5
20	7	26	7	32	9
21	3	27	9	33	9

2일

50쪽

1	6	6	3	11	4
2	2	7	3	12	4
3	5	8	8	13	5
4	8	9	7	14	8
5	4	10	5	15	9

51쪽

16	6	22	6	28	7
17	7	23	7	29	2
18	9	24	9	30	5
19	5	25	9	31	6
20	8	26	7	32	2
21	5	27	4	33	7

3일

52쪽

1	9	5	2	9	6
2	7	6	8	10	6
3	4	7	5	11	5
4	4	8	7	12	9

53쪽

13	5	20	9	27	8
14	9	21	7	28	4
15	7	22	8	29	6
16	3	23	8	30	8
17	3	24	8	31	5
18	4	25	4	32	6
19	9	26	3	33	2

4일

1 8	5 7	9 8	
2 5	6 8	10 7	
3 5	7 3	11 7	
4 9	8 2	12 6	

13 2	20 6	27 9
14 4	21 9	28 4
15 8	22 5	29 8
16 6	23 3	30 6
17 6	24 9	31 7
18 4	25 2	32 5
19 8	26 4	33 3

5일

1 7	6 9
2 9	7 6
3 9	8 7
4 7	9 8
5 8	10 6

11 6	16 7
12 4	17 7
13 3	18 6
14 7	19 8
15 4	20 9

생각 수학

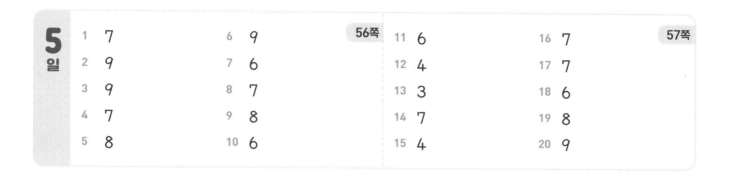

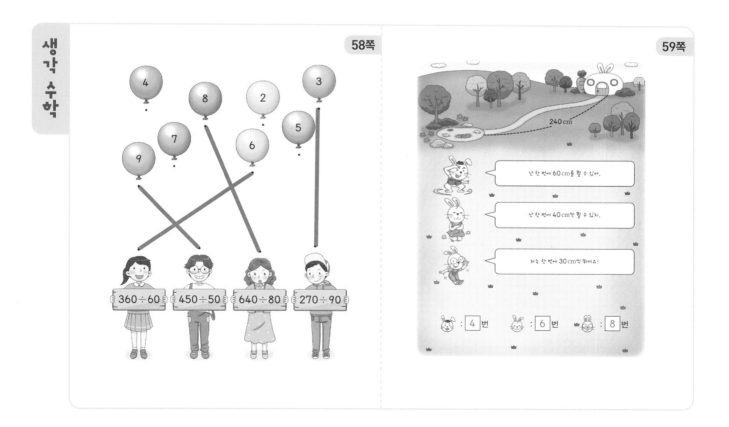

11

1일

						62쪽							63쪽
1	2…11	6	2…9	11	3…5		16	2…19	22	2…4	28	2…17	
2	2…2	7	3…18	12	2…27		17	3…11	23	1…14	29	2…13	
3	2…7	8	2…7	13	1…46		18	2…9	24	4…14	30	2…3	
4	3…8	9	2…3	14	2…14		19	4…6	25	2…12	31	4…5	
5	2…1	10	2…1	15	2…12		20	3…8	26	1…21	32	1…32	
							21	3…8	27	2…16	33	4…15	

2일

						64쪽							65쪽
1	2…20	6	4…8	11	4…8		16	3…8	22	3…6	28	2…22	
2	2…15	7	2…15	12	2…26		17	2…16	23	2…8	29	2…19	
3	3…2	8	4…11	13	1…23		18	3…4	24	3…14	30	3…18	
4	3…13	9	2…6	14	2…6		19	4…1	25	2…14	31	8…3	
5	3…7	10	2…17	15	1…10		20	1…25	26	4…13	32	2…3	
							21	2…3	27	2…9	33	4…9	

3일

						66쪽							67쪽
1	2…15	5	2…16	9	3…16		13	2…11	20	2…14	27	3…19	
2	3…7	6	3…2	10	2…25		14	3…14	21	4…11	28	2…5	
3	2…9	7	2…18	11	4…14		15	2…26	22	2…13	29	2…1	
4	2…10	8	2…3	12	5…4		16	4…4	23	4…9	30	3…17	
							17	2…12	24	3…13	31	9…6	
							18	1…29	25	3…7	32	3…2	
							19	2…7	26	4…2	33	2…28	

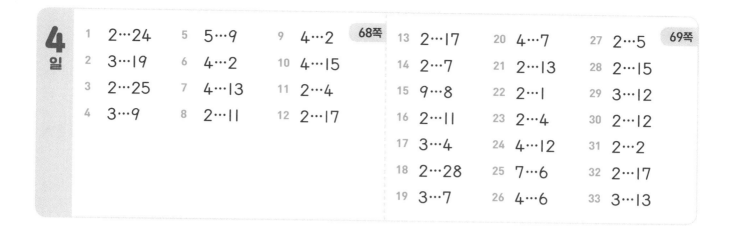

4일

1 2…24
2 3…19
3 2…25
4 3…9
5 5…9
6 4…2
7 4…13
8 2…11
9 4…2
10 4…15
11 2…4
12 2…17

13 2…17
14 2…7
15 9…8
16 2…11
17 3…4
18 2…28
19 3…7
20 4…7
21 2…13
22 2…1
23 2…4
24 4…12
25 7…6
26 4…6
27 2…5
28 2…15
29 3…12
30 2…12
31 2…2
32 2…17
33 3…13

5일

(위에서부터)

1 2, 2 / 2, 13
2 3, 6 / 2, 22
3 2, 11 / 1, 11
4 4, 3 / 5, 8
5 3, 6 / 3, 13
6 3, 2 / 2, 5
7 1, 23 / 2, 9
8 2, 7 / 3, 4
9 2, 5 / 4, 5
10 2, 17 / 3, 8

(위에서부터)

11 7, 27, 4, 2, 1, 2, 37, 7
12 32, 2, 1, 7, 2, 3, 12, 12
13 5, 15, 3, 2, 4, 1, 15, 45
14 5, 15, 7, 3, 1, 2, 35, 15
15 28, 18, 1, 1, 2, 3, 8, 8
16 17, 7, 2, 5, 1, 1, 27, 17

생각수학

1일

76쪽			77쪽		
1 3…4	6 2…29	11 6…15	16 5…13	22 2…38	28 7…55
2 7…7	7 3…12	12 4…13	17 2…32	23 5…63	29 7…29
3 8…34	8 7…10	13 5…24	18 8…34	24 6…22	30 5…19
4 4…26	9 8…10	14 6…3	19 4…25	25 6…34	31 9…34
5 9…15	10 7…3	15 7…62	20 7…43	26 6…15	32 8…43
			21 8…7	27 2…44	33 5…28

2일

78쪽			79쪽		
1 6…12	6 4…16	11 5…71	16 3…51	22 4…8	28 6…40
2 3…9	7 3…13	12 5…22	17 5…17	23 9…12	29 6…31
3 4…15	8 9…44	13 7…29	18 9…15	24 7…29	30 4…21
4 9…22	9 9…12	14 5…34	19 6…4	25 4…14	31 4…35
5 9…42	10 6…75	15 5…53	20 3…42	26 5…33	32 7…24
			21 3…45	27 9…12	33 8…33

3일

80쪽			81쪽		
1 5…19	5 6…82	9 9…11	13 8…18	20 9…11	27 7…31
2 2…54	6 5…13	10 2…43	14 2…16	21 6…16	28 9…34
3 9…22	7 5…42	11 8…27	15 5…45	22 4…80	29 5…6
4 4…11	8 8…32	12 4…39	16 3…16	23 5…11	30 2…35
			17 6…22	24 4…18	31 8…13
			18 7…22	25 7…42	32 3…38
			19 6…38	26 6…28	33 7…17

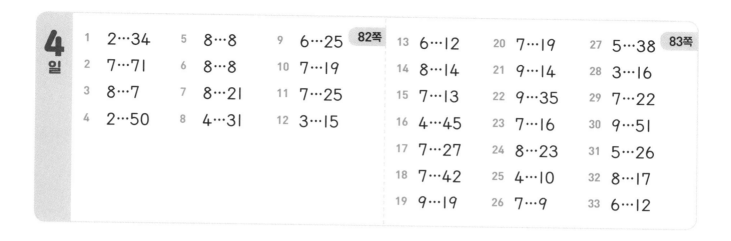

4일

82쪽

1	2…34	5	8…8
2	7…71	6	8…8
3	8…7	7	8…21
4	2…50	8	4…31

9 6…25
10 7…19
11 7…25
12 3…15

83쪽

13	6…12	20	7…19	27	5…38
14	8…14	21	9…14	28	3…16
15	7…13	22	9…35	29	7…22
16	4…45	23	7…16	30	9…51
17	7…27	24	8…23	31	5…26
18	7…42	25	4…10	32	8…17
19	9…19	26	7…9	33	6…12

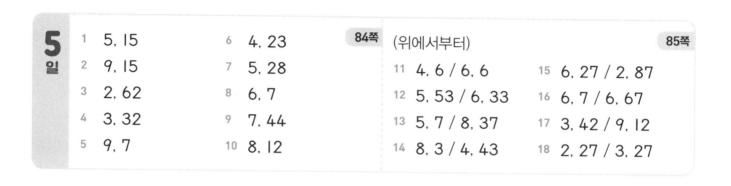

5일

84쪽

1	5, 15	6	4, 23
2	9, 15	7	5, 28
3	2, 62	8	6, 7
4	3, 32	9	7, 44
5	9, 7	10	8, 12

85쪽

(위에서부터)

11	4, 6 / 6, 6	15	6, 27 / 2, 87
12	5, 53 / 6, 33	16	6, 7 / 6, 67
13	5, 7 / 8, 37	17	3, 42 / 9, 12
14	8, 3 / 4, 43	18	2, 27 / 3, 27

생각 수학

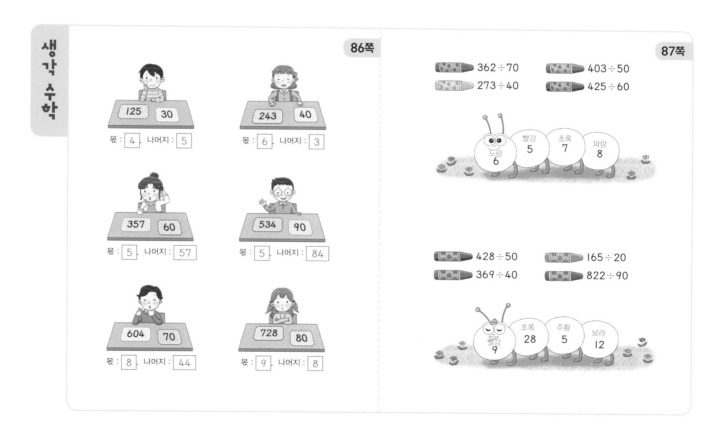

86쪽

125 30 몫 : 4 , 나머지 : 5
243 40 몫 : 6 , 나머지 : 3
357 60 몫 : 5 , 나머지 : 57
534 90 몫 : 5 , 나머지 : 84
604 70 몫 : 8 , 나머지 : 44
728 80 몫 : 9 , 나머지 : 8

87쪽

362÷70   403÷50
273÷40   425÷60

노랑 6   빨강 5   초록 7   파랑 8

428÷50   165÷20
369÷40   822÷90

빨강 9   초록 28   주황 5   보라 12

1일

90쪽

1 2…8	6 5…2	11 3
2 4…14	7 4…7	12 3…12
3 5	8 8…2	13 5…5
4 3…3	9 4	14 5
5 2…12	10 4…8	15 3…8

91쪽

16 2…2	22 2…6	28 4…12
17 5…10	23 4…2	29 2…6
18 2…11	24 3…1	30 4…6
19 6…10	25 5…6	31 4…2
20 2…3	26 3	32 2…9
21 6…5	27 4	33 2…3

2일

92쪽

1 5…3	6 4	11 4…4
2 4	7 3	12 4…1
3 3…2	8 2…3	13 7
4 2…3	9 6…3	14 3…4
5 3…3	10 3…6	15 4…15

93쪽

16 3…9	22 2…3	28 3…3
17 3…3	23 4	29 3…1
18 2…8	24 6…1	30 7…4
19 6…1	25 2…17	31 2…14
20 6…4	26 3…4	32 5…9
21 6…8	27 6…2	33 3…2

3일

94쪽

1 3	5 4	9 3
2 2…12	6 4…5	10 4…17
3 7…4	7 3…10	11 3
4 5…4	8 5	12 2…6

13 3…5	20 3…3	27 3…8
14 2…5	21 4…11	28 2…7
15 3…2	22 2…8	29 3…2
16 8…4	23 5…3	30 3…2
17 2…27	24 2…21	31 3…3
18 2…2	25 4…10	32 6…9
19 5…4	26 2…3	33 3…11

95쪽

4
일

1	2…9	5	4…2	9	7
2	6…3	6	6	10	6…3
3	3…2	7	3…3	11	4…2
4	5…3	8	4	12	5…1

13	3…1	20	4…14	27	4…5
14	4…14	21	3…3	28	5
15	2…8	22	4…5	29	5…4
16	5…6	23	2…5	30	2…14
17	2…1	24	2…16	31	9
18	2…4	25	3…2	32	2…10
19	8…2	26	3…6	33	4…9

5
일

1	3	6	4
2	4	7	3
3	2	8	6
4	7	9	4
5	3	10	5

(위에서부터)

11	3, 9 / 3, 9	16	6, 1 / 2, 12
12	3, 18 / 4, 16	17	5, 6 / 5, 7
13	2, 3 / 6, 4	18	2, 9 / 3, 3
14	4, 10 / 2, 9	19	3, 4 / 3, 9
15	3, 3 / 4, 10	20	4, 9 / 4, 2

생각 수학

78÷13	84÷21	68÷17	96÷32
6	4	4	3

비밀번호는 6 4 4 3 입니다.

1일

104쪽

1	6…2	6	6…17	11	9…7	
2	5…6	7	9…8	12	9…10	
3	9…4	8	4…7	13	6…10	
4	5…16	9	6	14	6…13	
5	8…14	10	9	15	6…12	

105쪽

16	4…15	22	8…4	28	6…2	
17	8…3	23	9…2	29	8…7	
18	5…43	24	9…22	30	7…9	
19	8…4	25	8…11	31	8…25	
20	6…9	26	7…8	32	5…15	
21	7…43	27	5…11	33	8…13	

2일

106쪽

1	4…25	6	3…38	11	6…14	
2	5…3	7	6	12	3…23	
3	6…22	8	6…24	13	5…37	
4	6…5	9	9…22	14	4…7	
5	6…9	10	5…11	15	3	

107쪽

16	5…40	22	8…19	28	6…1	
17	9…1	23	5…7	29	7…11	
18	6…48	24	6…11	30	8…7	
19	7…33	25	5…13	31	7…11	
20	9…8	26	7…22	32	6…2	
21	6…4	27	6…6	33	7…10	

3일

108쪽

1	8	5	3…9	9	8…14	
2	3…19	6	4	10	5…7	
3	7…4	7	6	11	5…24	
4	7	8	5…9	12	3	

109쪽

13	6…15	20	5…15	27	6…7	
14	7…21	21	5…25	28	6…3	
15	6…7	22	7…33	29	8…11	
16	8…63	23	8…13	30	6…5	
17	5…35	24	3…10	31	7…10	
18	7…11	25	4…27	32	5…2	
19	8…3	26	7…29	33	6…12	

1	5	5	6⋯6	9	8⋯7

4일

1	5	5	6⋯6	9	8⋯7
2	4⋯37	6	8⋯14	10	3⋯13
3	4⋯12	7	8⋯24	11	3⋯12
4	9	8	5⋯12	12	9⋯14

13	6⋯1	20	6⋯19	27	3⋯12
14	3⋯4	21	3⋯20	28	5⋯12
15	6⋯4	22	8⋯5	29	6⋯15
16	6⋯21	23	4⋯8	30	4⋯17
17	7⋯6	24	6⋯14	31	9⋯2
18	7⋯12	25	2⋯32	32	3⋯28
19	5⋯21	26	8⋯12	33	7⋯4

5일

1	8, 1	6	6, 3
2	3, 22	7	7, 25
3	7, 5	8	5, 12
4	6, 9	9	8, 35
5	6, 38	10	8, 1

(위에서부터)

11	8, 11 / 6, 15	15	7, 10 / 5, 24
12	5, 1 / 6, 30	16	5, 32 / 4, 64
13	6, 12 / 7, 25	17	9, 8 / 7, 49
14	7, 27 / 8, 9	18	6, 16 / 5, 18

생각수학

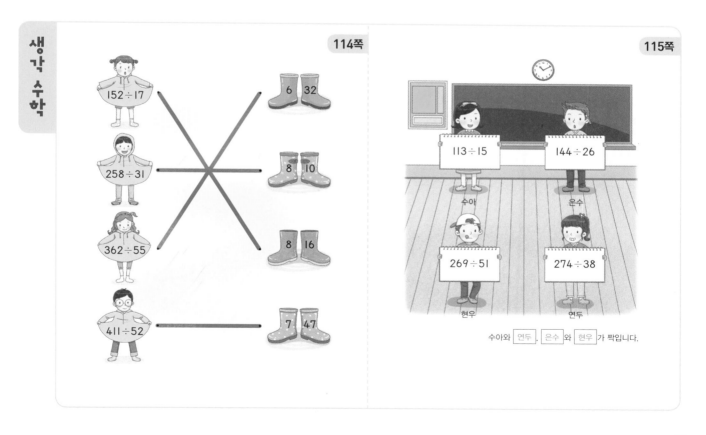

수아와 연두 , 은수 와 현우 가 짝입니다.

1일

	118쪽					119쪽
1 12…5	5 11…62	9 16…2	13 21…1	17 55…9	21 23…3
2 18…12	6 21…2	10 29…4	14 17…6	18 30…15	22 16…16
3 22…22	7 17…4	11 18…7	15 14…7	19 14…4	23 27…6
4 14…30	8 12…46	12 12…20	16 13…23	20 31…3	24 12…38

2일

	120쪽					121쪽
1 23…18	5 13…37	9 29…5	13 14…9	17 12…29	21 14…15
2 16…9	6 12…34	10 19…4	14 17…24	18 21…12	22 21…16
3 13…44	7 11…18	11 21…10	15 14…6	19 19…10	23 20…16
4 13…1	8 17…19	12 23…9	16 14…19	20 14…9	24 21…5

3일

	122쪽				123쪽
1 23…1	4 11…17	7 16…11	10 19…6	16 21…11	22 17…13
2 31…11	5 15…3	8 14…8	11 16…23	17 51…14	23 13…5
3 17…8	6 12…61	9 16…4	12 28…16	18 11…56	24 38…6
			13 31…15	19 17…11	25 31…11
			14 38…3	20 39…11	26 12…19
			15 12…24	21 14…21	27 24…2

4일

1	13…52	4	51…4	7	13…5
2	26…5	5	23…4	8	16…9
3	13…2	6	13…7	9	18…20

124쪽

125쪽

10	13…15	16	22…12	22	26…15
11	27…5	17	18…11	23	34…8
12	18…10	18	20…9	24	11…28
13	19…23	19	13…10	25	25…4
14	19…16	20	22…13	26	46…12
15	14…39	21	27…21	27	11…13

5일

126쪽

1	15, 5
2	12, 1
3	22, 10
4	25, 13
5	14, 1
6	18, 8
7	22, 18
8	11, 25
9	12, 7
10	24, 17

127쪽

(위에서부터)

11	14, 7 / 25, 4	16	34, 18 / 27, 10
12	18, 7 / 10, 21	17	18, 8 / 11, 15
13	21, 5 / 13, 38	18	32, 1 / 15, 3
14	17, 7 / 11, 14	19	22, 4 / 11, 15
15	29, 1 / 15, 16	20	20, 28 / 57, 13

생각 수학

128쪽

129쪽

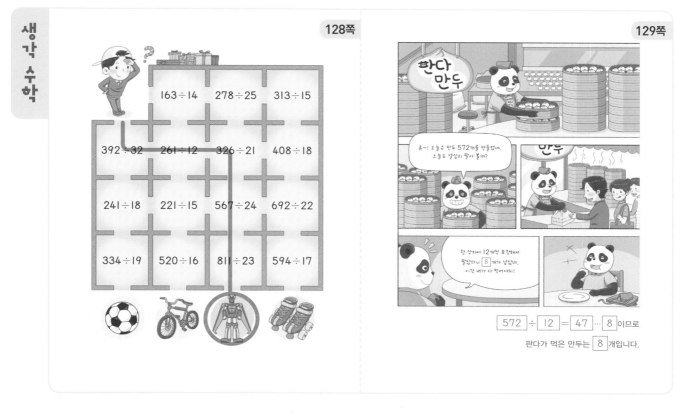

572 ÷ 12 = 47 … 8 이므로
판다가 먹은 만두는 8 개입니다.

1일

132쪽

1	15…5	5	11…18	9	17…8
2	17…15	6	24…8	10	32…6
3	23…11	7	18…20	11	17…5
4	14…34	8	14…23	12	15…13

133쪽

13	11…41	17	19…6	21	13…8
14	29…14	18	25…18	22	31…4
15	25…19	19	41…1	23	30…21
16	29…14	20	33…15	24	18…13

2일

134쪽

1	16…5	5	12…6	9	15…5
2	27…2	6	32…5	10	18…18
3	41…1	7	21…15	11	14…17
4	24…15	8	16…13	12	13…13

135쪽

13	13…26	17	12…56	21	31…10
14	16…8	18	27…17	22	36…4
15	21…6	19	23…5	23	29…14
16	19…18	20	17…2	24	31…2

3일

136쪽

1	13…15	4	14…2	7	13…20
2	17…10	5	22…19	8	29…7
3	14…14	6	14…10	9	12…17

137쪽

10	12…14	16	13…9	22	15…20
11	29…15	17	13…3	23	17…11
12	19…9	18	16…14	24	12…4
13	23…19	19	25…20	25	11…5
14	24…13	20	35…11	26	23…5
15	41…13	21	18…9	27	13…12

4일

1	21…16	4	14…9	7	14…17	
2	31…7	5	22…1	8	11…18	
3	23…13	6	15…29	9	28…3	

10	14…51	16	25…27	22	14…47
11	18…12	17	47…13	23	36…4
12	20…18	18	21…6	24	15…6
13	14…8	19	11…26	25	31…7
14	26…7	20	21…32	26	18…27
15	14…28	21	13…29	27	23…22

5일

(위에서부터)

1	15, 15 / 28, 3	5	16, 9 / 14, 5
2	38, 1 / 19, 16	6	44, 8 / 19, 10
3	13, 3 / 14, 10	7	38, 4 / 79, 2
4	50, 12 / 16, 24	8	30, 9 / 25, 10

(위에서부터)

9	18, 12 / 12, 21	13	29, 16 / 20, 18
10	31, 17 / 16, 23	14	12, 22 / 19, 16
11	20, 33 / 22, 33	15	17, 5 / 40, 1
12	26, 13 / 30, 9	16	35, 2 / 23, 22

생각 수학

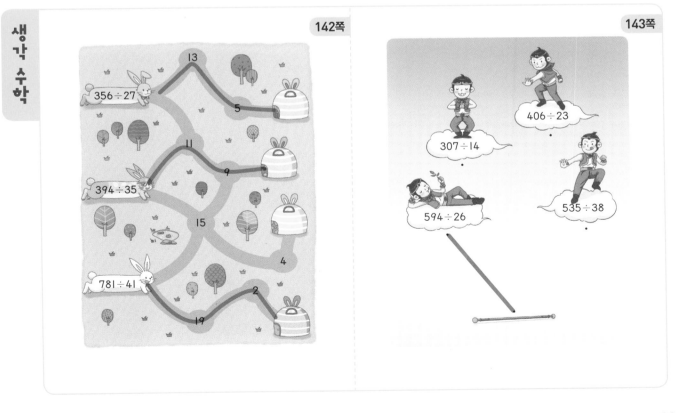

23